BusinessVillage

Nadja Raslan, Franz Hölzl

Ab jetzt Führungskraft

So meistern Sie die ersten 100 Tage

BusinessVillage

Nadja Raslan, Franz Hölzl
Ab jetzt Führungskraft
So meistern Sie die ersten 100 Tage
1. Auflage 2014
© BusinessVillage GmbH, Göttingen

Bestellnummern
ISBN 978-3-86980-268-8 (Druckausgabe)
ISBN 978-3-86980-269-5 (E-Book, PDF)

Direktbezug www.BusinessVillage.de/bl/937

Bezugs- und Verlagsanschrift
BusinessVillage GmbH
Reinhäuser Landstraße 22
37083 Göttingen
Telefon: +49 (0)5 51 20 99-1 00
Fax: +49 (0)5 51 20 99-1 05
E-Mail: info@businessvillage.de
Web: www.businessvillage.de

Layout und Satz
Sabine Kempke

Autorenfotos
Sabine Jakobs, www.fotografie-jakobs.de

Druck und Bindung
www.booksfactory.de

Inhalt

Vorwort

Das ist der beste Führer, dessen Leute sagen, wenn er sie ans Ziel ge-
führt hat: »Wir selbst haben den Erfolg zustande gebracht.«

Laotse, chinesischer Philosoph

Es gibt kaum einen Beruf, über den so viele Bücher geschrieben wurden wie über das Führen. Ein Grund dafür ist, dass es unzählige Führungs- ansätze und -philosophien gibt, die sich teilweise sogar widersprechen. Warum also ein weiteres Buch für neue Führungskräfte? Weil wir mit diesem Buch ein anderes Ziel verfolgen: Nicht die Vermittlung eines bestimmten, Erfolg versprechenden Führungsansatzes schwebt uns vor. Das Buch soll Sie vielmehr darin unterstützen, Sicherheit und Souverä- nität in Ihrer Rolle zu erlangen. Dazu gehört es, die gängigen Führungs- instrumente zu beherrschen (Kapitel 4 und 5), vor allem aber auch die eigene Führungspersönlichkeit zu reflektieren und weiterzuentwickeln (Kapitel 2 und 3).

In unserer Praxis als Führungstrainer und Coaches erleben wir erfolg- reiche Führungskräfte vor allem als selbstreflektierende, entscheidungs- freudige Persönlichkeiten, die zuhören können und zu ihren Fehlern und Schwächen stehen. Fähigkeiten, die wir bei vielen vermeintlich guten Chefs vermissen. Oft reicht es, den gesunden Menschenverstand einzusetzen. Bei zunehmender Komplexität, dem hohen Druck durch an- spruchsvolle Ziele und einem harten internen und externen Wettbewerb fällt das nicht immer leicht.

Mit vielen Beispielen und Anregungen aus unserer konkreten Berufspra- xis wollen wir mit diesem Buch einen Ratgeber für die ersten hundert Tage geben. Eine Herausforderung können wir Ihnen nicht abnehmen: Führen bedeutet auch Neuland zu betreten und mutig und kreativ unvorhergesehene Situationen zu meistern. Dabei wünschen wir Ihnen nicht nur viel Erfolg, sondern auch Geduld und Humor.

Wir danken unseren Familien, insbesondere Fabian und Hannah, für das klare Feedback und die gemeinsam erlebten Führungserfahrungen, die uns immer wieder neue Perspektiven und Wege aufzeigen.

Unterhaching, im Mai 2014

Nadja Raslan und Franz Hölzl

Mein Weg in die Führungsrolle

Es ist geschafft, Sie sind einen Schritt weiter auf Ihrem beruflichen Karriereweg vorangekommen. Als Führungskraft erweitern sich Ihre Aufgaben, weg vom Fachexperten – hin zum Manager. Als Manager delegieren Sie Aufgaben, kontrollieren Ergebnisse, strukturieren komplexe Projekte und steuern diese. Das Führen Ihrer Mitarbeiter gehört zu Ihren Kernaufgaben. Nun verantworten Sie Ihr Team und das gemeinsame Erreichen der Unternehmensziele. Diese neue Rolle erfordert von Ihnen Fach- und Sozialkompetenz. Klarheit, Sicherheit, Präsenz, Kommunikations- und Verhandlungsgeschick, Konfliktfähigkeit und Entscheidungsverhalten kennzeichnen die weichen Faktoren. In unserer Beratungspraxis treffen wir oft auf Aussagen wie ›Als Führungskraft ist man geboren‹ oder ›Das bekommt jemand in die Wiege gelegt‹. Stimmt dies? Wir stellen deutlich klar: Nein, es stimmt nicht! Wir wachsen an unseren Herausforderungen und Erfahrungen, die wir meistern oder erleben. Verwechselt wird oft Führung mit eloquentem Auftreten. Lassen Sie uns einen Blick darauf werfen, wie Sie zu Ihrer Führungsposition gekommen sind. Möglich sind:

- Auswahlverfahren, wie Assessment Center, Bewerbertag oder Management Audit
- Externe Bewerbung
- Interne Bewerbung
- Empfehlung vom Vorgesetzten, von der Geschäftsführung oder vom Firmeninhaber

Beispiel: Führungskräfteauswahl
Philipp Simmer wurde zu einem Bewerbertag für die Position ›Abteilungsleiter Unternehmenskommunikation‹ eingeladen. Zum Auftakt stellt er sich am Auswahltag persönlich vor. Seinen Lebenslauf präsentiert er ge-

konnt, humorvoll und hoch professionell. Dazu kommt noch sein perfektes Bewerbungsoutfit – das Beobachtergremium bescheinigt ihm eine hohe Führungskompetenz. Während des laufenden Auswahltages zeigt Philipp Simmer Schwächen in der Mitarbeiterführung. Die Beobachter meinen, er wird die Führung der Mitarbeiter schnell lernen, besonders mit seiner hohen Kommunikationsfähigkeit.

Philipp Simmer profitiert von seinem professionellen Auftreten. Ihm wird durch den positiven Eindruck eher unterstellt, er sei auch sozial kompetent, sympathisch, selbstsicher und führungsstark. Das Beobachtungsgremium ließ sich durch den Halo-Effekt regelrecht blenden. Dieser Effekt ist ein Wahrnehmungsfehler. Eine Eigenschaft strahlt besonders heraus und überstrahlt alle anderen – wie ein Halogenscheinwerfer. Führungsqualitäten werden extravertierten Persönlichkeiten eher unterstellt als introvertierten. Dies ist ein Trugschluss. Egal ob Sie sich als extravertiert oder introvertiert beschreiben würden, als Führungskraft sollen Sie Ihre Qualitäten einsetzen! In den Führungsebenen kommt es auf die bunte Mischung an. Ausschließlich Alphatiere (= Extravertierte) in der Leitung zu haben beschränkt die Vielfalt in einem Betrieb und damit den langfristigen Erfolg.

Sie haben ein Auswahlverfahren absolviert? Perfekt! Holen Sie sich detailliertes Feedback zu Ihren Ergebnissen. Im Hintergrund wird oft ein Stärken-/Schwächenprofil von den Beobachtern erstellt. Gehen Sie aktiv auf die Personalabteilung zu. So erfahren Sie Ihre persönlichen Stärken und Entwicklungsfelder, an denen Sie arbeiten können. Oft gibt die Personalabteilung oder Ihre direkte Führungskraft Coachingtipps und Handlungsempfehlungen. Warten Sie hier auf keinen Fall, bis die Personen auf Sie zukommen, sondern fordern Sie das Feedback aktiv ein.

Sie sind zuständig für Ihre Entwicklung als Führungskraft! Das bedeutet: Raus aus dem gewohnten Umfeld und rein in das unbekannte Führungsland!

Ihr Karrieresprung vom Mitarbeiter zum Chef ist Ihre persönliche Leistung, auf die Sie stolz sein sollten. Ihre ersten hundert Tage bedeuten: Ihre alten Kollegen beobachten Sie genau. Rechnen Sie mit keiner Schonzeit. Wappnen Sie sich für den Sprung ins kalte Wasser. Ihre Teamzugehörigkeit ist ein Segen: Sie kennen Kunden – Kollegen – Eigenheiten – Unternehmensabläufe – Kultur. Leider ist sie auch ein Fluch. Um in Ihrer neuen Rolle gut und vor allem schnell anzukommen, bedeutet es für Sie, Ihr Projekt ›Mein Leben als Führungskraft‹ genau vorzubereiten. Beleuchten Sie Ihre Ausgangssituation.

- Wie wird der Rollenwechsel von meinen Teamkollegen wahrgenommen?
- Wer freut sich über meine neue Führungsrolle? Wer wollte sie auch haben?
- Welche Stolpersteine gibt es zu beachten?
- Wer aus dem Team wird mich sofort akzeptieren? Wer braucht mittelfristige/langfristige Akzeptanzzeit?
- Was erwarten die Kollegen von mir? Was kann ich erfüllen, was auf keinen Fall?
- Was ist mir in meiner neuen Rolle wichtig?

Beispiel: Die Zahlen müssen stimmen – Die Könige der Buchhaltung
Manuela Pauer leitet seit Neuestem das Buchhaltungsteam. Erfolgreich legte sie die Steuerberatungsprüfung ab und ist in ihrer ersten Führungsrolle. In Gesprächen stellen die Abteilungsleiter-Kollegen fest, Frau Pauer

ist zurückhaltend und unauffällig. Bei Fachfragen zeigt Manuela Pauer eine hohe Präsenz. Ihre Ruhe wird besonders bei hitzigen Diskussionen geschätzt. Sie denkt analytisch und setzt immer wieder wertvolle Impulse. Erstaunt sind ihre Führungskollegen über ihr profundes Wissen, das Frau Pauer nicht hinausposaunt, sondern präzise einsetzt, um sachliche Fragen zu klären.

Introvertierte Führungspersönlichkeiten zeichnen sich durch ihre leise Art aus und können dennoch stark wirken. Verblüffenderweise werden introvertierte Personen eher unterschätzt. Sind Sie sich bewusst, ob Sie eher extravertiert oder introvertiert agieren? Detailliert wird in Kapitel 2 darauf eingegangen, analysieren Sie sich mithilfe des Tests.

Abbildung 1: Das Kompetenzrad

Sind Sie sich Ihrer Kompetenzen bewusst, über die Sie als Führungskraft verfügen sollten? Mit dem Kompetenzrad können Sie sich selbst einschätzen. Falls Sie zwei Punkte pro Kompetenz abdecken, verfügen Sie schon über ein gutes Startkapital zur Führungskraft.

1.1 Die neue Herausforderung

Blicken Sie zurück auf Ihren bisherigen Lebensweg. Sie haben schon viele Herausforderungen gemeistert. Glaubenssätze wie ›Das kann ich nicht‹, ›Das schaffe ich nicht‹ oder ›Das ist viel zu schwer‹ blockieren unnötig und sind oft unbegründet. Hinter jeder Herausforderung steht eine neue Erfahrung!

»Erfahrungen vererben sich nicht, jeder muss sie allein machen.«

Kurt Tucholsky

Eltern schützen gerne ihre Kinder vor schlechten Erfahrungen. Dieser Anspruch ist niemals erfüllbar. Den ersten Fahrradsturz oder den ersten Liebeskummer hat jeder von uns erlebt. Vielleicht sind Narben geblieben, doch der Schmerz ist immer kleiner geworden, vielleicht sogar ganz verschwunden.

Packen Sie die neue Herausforderung beherzt an! Vermeiden Sie es, sich negative Botschaften zu senden, wie ›Das wird sehr schwer werden, bis ich eine wirklich gute Führungskraft bin‹. Ihre Erfolgswahrscheinlichkeit ist am höchsten, wenn Sie sich positiv der neue Herausforderung stellen. Seien Sie nicht zu streng mit sich, denn: Noch nie ist ein Meister vom Himmel gefallen! Oder kennen Sie einen? Als frische

Führungskraft betreten Sie Neuland. Bekannte Denk- und Handlungsroutinen vermittelten Ihnen bisher Sicherheit. Diese ist nun zum Teil verschwunden, da Sie für die neue Führungsaufgabe neue Lösungswege gehen werden. Bewahren Sie einen kühlen Kopf und vertrauen Sie auf Ihre Stärken.

Beispiel: Wieso bin ich Führungskraft geworden?

Im Gespräch mit Freunden zweifelt Benedikt Gebhard an seinen Fähigkeiten als zukünftige Führungskraft. Mehrmals versuchen ihn seine Freunde positiv zu bestärken. Benedikt Gebhard fällt immer wieder zurück in seine ›Werde ich das wohl schaffen‹-Schleife. Bis ein Freund fragt: »Wieso hast du die Position erhalten? Leidet dein Vorgesetzter an geistiger Umnachtung oder ist dein Vorgesetzter eine Frau und du hast sie bezirzt? Glaubst du, dein Chef zahlt dir mehr Gehalt als Führungskraft, weil er weiß, du bewältigst die zukünftigen Aufgaben unzureichend?« Im ersten Augenblick verneint Herr Gebhard entrüstet. Doch dann wird ihm bewusst, wie sehr er sich in der Spirale drehte, und er benennt seine Stärken, wieso gerade er den Posten erhalten hat.

Machen Sie sich bewusst, wie viele Herausforderungen Sie in Ihrem beruflichen und privaten Leben gemeistert haben. War Ihnen immer zu Beginn klar, wie Sie die unterschiedlichsten Aufgaben lösen können? Notieren Sie sich, welche Herausforderungen von Erfolg gekrönt waren! Welche Fähigkeiten besitzen Sie oder haben Sie erlernt, um diesen Erfolg zu erlangen? Auf was sind Sie stolz in Ihrem Leben? Diese Erfolgsschlüssel sollten Sie in Gedanken immer bei sich tragen.

Meine Erfolge		Meine Fähigkeiten
erfolgreich abgeschlossene Ausbildung	➜	Konzentration, Intelligenz, Durchhaltevermögen
drei Neukunden akquiriert	➜	Kontaktfreudigkeit, Kommunikationsstärke
Gehaltserhöhung	➜	Verhandlungsgeschick
positiver Projektabschluss	➜	strukturierte Arbeitsweise, realistische Zeitplanung
neue Kontakte geknüpft beim Messebesuch	➜	proaktives Zugehen auf andere, rhetorisches Geschick

Abbildung 2: Meine Erfolge – meine Fähigkeiten: So bin ich erfolgreich!

Wie viele Fähigkeiten haben Sie bis heute erlernt? Sie sind im Informationszeitalter angekommen. Das Umgehen mit PC, Handy, das Surfen im Internet, das Erlernen von neuen Programmen ... alles Dinge, die Sie erlernt haben. Es kann sein, dass Sie über die eine oder andere Hürde gestolpert sind, doch Sie haben sich aufgerappelt, sonst würden Sie jetzt nicht an der Position sein! Halten Sie sich vor Augen, was Sie schon bewältigt haben. Das steigert Ihre Zuversicht und lässt Selbstzweifel zwar nicht komplett verschwinden, aber reduziert sie. Schauen Sie mit Zuversicht auf Ihr Leben als Führungskraft. Ihre persönliche Einstellung bestimmt Ihren Erfolg. Ihre Erwartungen haben direkten Einfluss auf Ihre Realität. In Führungscoachings erleben wir regelmäßig ein Phänomen: Die Coachees erzählen spontan und ausführlich von eigenen Schwächen und Fehlern. Mit der Schilderung ihrer Stärken und Kompetenzen tun sie sich dagegen schwer. Unser Tipp: Um erfolgreich zu sein, sollten Sie sich mehr mit Ihren Stärken auseinandersetzen und Ihre Fehler akzeptieren!

Beispiel: Selbsterfüllende Prophezeiung

1965 führte der amerikanische Psychologe Robert Rosenthal ein wissenschaftliches Experiment durch. Er täuschte Lehrern an Grundschulen vor, bei 20 Prozent der Schüler nach einem IQ-Test enormes Entwicklungspotenzial festgestellt zu haben. Tatsächlich zog er die Namen dieser Kinder aber völlig willkürlich. Ein Jahr später führte er erneut eine Messung des Intelligenzquotienten durch. Das Ergebnis: Fast die Hälfte der zuvor zufällig nominierten Kinder steigerte ihren IQ um 20 Punkte; ein Fünftel gar um 30 Punkte oder noch mehr. Ein beeindruckender Unterschied – vor allem, weil es besonders die vormals schlechteren Schüler waren, die sich so drastisch verbesserten. Die Lehrer behandelten sie aufgrund der Vorinformationen schlichtweg anders: Sie bemühten sich mehr um sie, waren geduldiger und gaben mehr positives Feedback. Weitere Studien bestätigten den ersten Fund: Erwartungen an andere oder sich selbst bewahrheiten sich mit der Zeit, weil sich das Verhalten unwillkürlich nach ihnen ausrichtet.

Selbsterfüllende Prophezeiung ist die Vorhersage eines zukünftigen Verhaltens oder Ereignisses, welche das Verhalten selbst deutlich verändert. Das Erwartete tritt tatsächlich ein. Hätte die Vorhersage hingegen nicht stattgefunden, dann wäre ein davon abweichendes Verhalten entstanden beziehungsweise ein anderes Ereignis eingetreten. Salopp zusammengefasst bedeutet dies: ›So wie man in den Wald hineinschreit, so tönt es heraus.‹

Senden Sie sich positive Botschaften. Motivieren Sie sich innerlich. Akzeptieren Sie Fehlversuche und werfen Sie nicht gleich die Flinte ins Korn.

TIPP

Kennzeichen der neuen Führungsrolle: planen, steuern, kontrollieren

Auch wenn mit dem Wechsel in die neue Rolle mehr Geld, ein höheres Ansehen und größerer Einfluss verbunden sind, sind es die neuen Arbeitsinhalte, die im Vordergrund stehen sollten. Vielen neuen Führungskräften fällt der Wechsel schwer, weil sie zu sehr in ihrer alten Welt verhaftet sind und ein unrealistisches Bild von Führung haben. Führungsvorbilder wie charismatische und machtbewusste Manager sind nicht hilfreich. Charisma lässt sich schließlich nicht abschauen. Machen Sie sich mit Ihren neuen Aufgaben in Ruhe vertraut und akzeptieren Sie, dass Sie vieles erst erlernen müssen. Als Führungskraft leiten Sie den Planungsprozess. Sie steuern die Aufgaben, planen die Ressourcen, delegieren Arbeitspakete und kontrollieren. Nur zum Teil werden Sie selbst an der Ausführung der Arbeiten mitwirken. Das Grobschema ermöglicht es Ihnen, Ihre neuen Management-Aufgaben im Auge zu behalten und strukturiert zu erledigen. Beantworten Sie die Basisfragen, danach können Sie mit dem Grobschema feiner planen.

Basisfragen

- Wie lauten Ihre Ziele bezogen auf Ihr Aufgabengebiet, Ihre Abteilung?
- Welche Unternehmensziele sind kommuniziert?
- Wie formulieren und setzen Sie die Ziele um?
- Wie entscheiden Sie täglich und wie prägen die Entscheidungen Ihren Führungsalltag?
- Welche Führungsaufgaben gestalten Sie täglich – wöchentlich – monatlich?

Übersicht Führungsaufgaben		
planen	**steuern**	**kontrollieren**
• definieren und vereinbaren von Zielen • ableiten der Aufgaben und Maßnahmen • Mitarbeiter bezogen auf Kompetenzen, Erfahrungen und Motivation mit dem Arbeitspaket beauftragen	• organisieren, kontrollieren und delegieren der Aufgabenfelder • verteilen von Mitteln und Ressourcen • übertragen der Verantwortlichkeit auf den Mitarbeiter • aufzeigen der Handlungsspielräume • motivieren, informieren, fördern, entwickeln • analysieren und lösen von Problemen • entscheiden	• vergleichen von Soll-/Ist-Zustand • überwachen der Kosten • korrigierende Maßnahmen einleiten • persönliches Mitarbeiter-Feedback geben • entwickeln, fördern und beurteilen der Mitarbeiter • überwachen der Aufgabenpakete • prüfen und optimieren der einzelnen Prozessschritte

Arbeitsplatzbeschreibungen sind oft, wenn sie überhaupt vorhanden sind, allgemein gehalten und wenig aussagekräftig. Erstellen Sie sich mithilfe des obigen Schemas Ihre eigene Arbeitsplatzbeschreibung. Gehen Sie die einzelnen Punkte mit Ihrem Chef durch. Das hat sich bewährt und vermeidet Missverständnisse über die Ausgestaltung Ihrer Rolle.

1.2 Der interne Weg

Innerhalb eines Unternehmens bietet sich die Möglichkeit, eine Führungsposition zu besetzen. Firmen gehen unterschiedliche Wege, um freie Stellen zu besetzen. Je nach Unternehmensgröße wird der Auswahlprozess gestaltet. Für Ihren Start in die neue Position ist es wichtig, zu beleuchten, warum Sie eine weitere Hierarchiestufe erreicht haben.

Beispiel: Gestützte Auswahlmethoden
Bei dem Automobilzulieferer Top-PS bewerben sich Mitarbeiter für eine Führungsposition. Nach dem erfolgreich durchlaufenen Auswahlverfahren (Assessment Center, Management Audit...) wird die Position mit dem stärksten Potenzialträger besetzt.

Dieses Auswahlverfahren bietet eine hoher Objektivität. Da es sehr kostenintensiv ist, wird es tendenziell bei großen Firmen durchgeführt.

Beispiel: Langjähriger Mitarbeiter
Matthias Kestner arbeitet seit 15 Jahren im Unternehmen. Sein Fachwissen ist phänomenal. Ihn zeichnet eine hohe Kollegialität und Zuverlässigkeit aus. Als sein Teamleiter in Rente geht, wird Herr Kestner befördert.

Das klassische und noch oft praktizierte Auswahlkriterium war hier: Firmenzugehörigkeit. Oft wird diese mit Führungsfähigkeit verwechselt. Zwar ist Herr Kestner als Fachkraft top und kennt die Firma bis ins kleinste Detail. Das ist aber kein Qualifikationsmerkmal für eine gute Führungskraft. Haben Sie auf diesem Weg Ihre Führungsposition erlangt, sollten Sie sich bewusst werden: Will und kann ich führen oder ziehe ich die Mitarbeiterrolle vor?

Beispiel: schnelle Beförderung

Mit Auszeichnung absolvierte Manuel Bauer seinen Meister im Karosserie-bau. Nun ist er beim größten Autohaus des Landkreises mit fünfzehn Niederlassungen beschäftigt. Voller Elan und mit großem Arbeitseifer bewältigt er die neuen Aufgaben. Als nach einem Jahr Betriebszugehörigkeit ein Niederlassungsleiter kündigt, wird er befördert.

Herausragende Leistung und hoher Arbeitseinsatz waren die Auswahlfaktoren, die Stellen zu besetzen. Sie sind in solch einer Rolle? Auf alle Fälle unterstützt und vertraut Ihnen die Firmenleitung uneingeschränkt. Nur weil Sie ausgezeichnete Qualitäten besitzen, sind Sie befördert worden. Jetzt gilt es, das Team hinter sich zu bringen.

Gestern Kollege – heute Chef

Beispiel: Plötzlich Chef

Allen Mitarbeitern der Abteilung war klar, die Neuausrichtung der Teams bringt es mit sich, dass eine neue Hierarchieebene eingezogen wird. Die Geschäftsführung gestaltete den Bewerbungsprozess offen und kommunizierte klar, dass interne Bewerbungen bevorzugt behandelt werden. Für Jürgen Murr steht nun fest, dass er ab dem 1. April das Team als neuer Leiter verantwortet. Die acht Teammitglieder reagieren unterschiedlich auf die Entscheidung.

Die ›Gestern Kollege – heute Chef‹-Situation erfordert Ihr Fingerspitzengefühl. Die gewachsenen Strukturen, Arbeitsabläufe und Kollegen sind Ihnen vertraut. Beim Mittagessen alleine in der Kantine zu sitzen oder zum Feierabendbier nicht mehr eingeladen zu werden, sind Situationen, mit denen Sie nun zurechtkommen müssen. Die neue distanzierte

Haltung Ihrer Ex-Kollegen ist ganz natürlich! Durch Ihre Führungsrolle gehören Sie nur bedingt zum Team! Seien Sie sich dessen bewusst. Sie sind zuständig für Lob und Tadel, für Urlaubsanträge und Gehaltsverhandlungen. Sie werden zwangsläufig zeitweise in einer Buhmann-Rolle stecken, wenn Sie unpopuläre Maßnahmen durchsetzen.

Neid und Missgunst sind menschliche Regungen, akzeptieren Sie diese. Stellen Sie sich vor, Sie sind Teammitglied geblieben und Ihre Kollegin wurde befördert. Innerlich rechneten Sie fest mit der höher dotierten Position. Ärger darüber, dass eine andere Person bevorzugt wurde, ist natürlich. Es ist ja auch eine Verletzung beziehungsweise Missachtung Ihrer Fähigkeiten und Qualitäten. So platt es sich anhört, denken Sie daran: Die Zeit heilt die Wunden. Vermeiden Sie die typischen Fehler von beförderten Kollegen aus der eigenen Reihe.

TIPP **Vermeiden Sie Anfängerfehler oder Es ist noch kein Meister vom Himmel gefallen!**

Beispiel: Identifikationsfalle
Als neuer Teamleiter führt Urs Sprüngler ein Teammeeting ein. Dies dient dazu, Aufgaben zu besprechen und zu verteilen. Jedes Mal wenn der Vorgesetzte von Herrn Sprüngler ihm neue Arbeitsanweisungen gibt, wird das Treffen durchgeführt.

Urs Sprüngler nimmt seine Führungsrolle undeutlich und vage an. Das Gefühl ›Ich bin noch immer Teammitglied und gehöre zum Kreis‹ ist ein Fehler! Als Vorgesetzter gilt es, die Rolle anzunehmen und die Team-Distanz auszuhalten. Die Identifikationsfalle mit dem Team verunsichert die Kollegen eher. Ausgelöst werden Fragen wie: »Welche Themen können wir besprechen, wenn unser neuer Chef dabei ist, und welche Themen sind tabu?« Hilfreich kann als neue Führungskraft ein eigenes Büro sein. Die Mitarbeitergespräche werden hier ungestört geführt, Sie haben einen Rückzugsort und können unbeobachtet arbeiten.

Beispiel: Everybody's-Darling-Falle

Als Kollegin genoss Tanja Wimmer eine besondere Vertrauensstellung im Team. Sie war Anlaufstelle für alle privaten und beruflichen Probleme. Durch ihre hohe Empathiefähigkeit war sie die perfekte Gesprächspartnerin. Als Frau Wimmer in die Führungsrolle kam, war klar, sie kennt ihre Kollegen sehr gut. Die persönlichen Einstellungen und Probleme sind ihr vertraut. Um weiterhin die vertrauensvolle Zusammenarbeit nicht zu gefährden, entscheidet Frau Wimmer bei unangenehmen Themen zögerlich, wie zum Beispiel bei Urlaubsanträgen, Weiterbildungsmaßnahmen oder Messebesuchen.

Wer zieht schon gerne den Unmut auf sich? Wem ist es egal, ob Kollegen hinter dem Rücken über einen lästern? Kennen Sie einen Menschen, von dem Sie das behaupten können? Sie ziehen fast automatisch den Unmut Ihrer Mitarbeiter auf sich, wenn Sie unpopuläre Entscheidungen treffen. Das gehört ab jetzt zu Ihrem Arbeitsalltag! Der Wunsch, bei allen beliebt zu sein und Anerkennung aus den zwischenmenschlichen Beziehungen zu ziehen, ist verständlich. Leider steht das oft im Widerspruch zu guter Führung. In Feedbacks für Führungskräfte kommt regelmäßig zutage: Mitarbeiter schätzen Chefs, die ihre Rolle annehmen und auch unangenehme Entscheidungen treffen, mehr als Chefs, die bei allen beliebt sein wollen.

Beispiel: Delegationsfalle

David Neuer kennt seine operativen Aufgaben aus dem Effeff. Seitdem er Führungskraft ist, versucht er einen großen Teil davon zu delegieren. Kontrolliert er die Ergebnisse, fallen ihm immer wieder gravierende Fehler auf. Bevor er seinem Mitarbeiter den Fehler erklärt, korrigiert er ihn schnell selber, da er den Sachverhalt bis ins kleinste Detail kennt.

Stopp! Als Führungskraft müssen Sie delegieren! Das bedeutet Aufgaben konsequent abgeben und Fehler korrigieren lassen vom Mitarbeiter, der ihn verursachte. Zu Beginn stolpern viele neuen Chefs in die Delegationsfalle. Sie sind nur dann nicht ständig überlastet, wenn Sie Aufgaben delegieren und Rückdelegation konsequent unterbinden. Gestehen Sie Ihren Mitarbeitern eine Übergangszeit zu, wenn diese Ihre Aufgaben übernehmen. Denken Sie an Ihre eigene Einarbeitungszeit, da sind Ihnen auch Fehler unterlaufen. Oder hatten Sie einen Vorgesetzten, der fest in der Delegationsfalle steckte?

Beispiel: Tabufalle

Der Teamleiter Sascha Prem begleitet seine Mitarbeiter zum Mittagessen. Schnell kommt das Gespräch auf die neuen Reiserichtlinien. Sie bieten ein unerschöpfliches Thema über den Sinn und Unsinn von Flugreisen. Ungehemmt schimpft das Team über die Entscheidung der Geschäftsführung. Direkt darauf angesprochen, was er dazu meint, erläutert Sascha Prem, er könne es gar nicht nachvollziehen und bestätigt die Kritik der Mitarbeiter deutlich.

Wirklich tabu durch den Rollenwechsel ist: Lästern mit dem Team über die Firma und die Führungskräfte! Selbst wenn Sie früher ab und zu gemeinsam im Kollegenkreis schimpften, müssen Sie das in Ihrer neuen Position tunlichst unterlassen. Wollen Sie Ihren Ärger ablassen, so machen Sie das im Freundeskreis, außerhalb der Firma, keinesfalls bei Ihren Mitarbeitern.

Vermeiden Sie Fallen!
Nehmen Sie Ihre Führungsrolle ohne Wenn und Aber an! Identifikation mit dem Unternehmen: Ja, Verbrüderung mit dem Team: Nein!
Delegieren Sie richtig – die Aufgabe und die Verantwortung! Vermeiden Sie Rückdelegation!
Ab heute sind Sie nicht mehr Everybody's Darling!
Lästern über Kollegen, Kunden, Chefs – das Tabuthema für Sie als Vorgesetzter!

Als Führungskraft, die gerade am Startpunkt steht, beginnt für Sie die Zeitrechnung neu. Schauen Sie darauf, wie Sie Ihr Verhalten positiv steuern können. Überlegen Sie sich, wie Sie konkret handeln. Ganz wichtig: Kommunizieren Sie ausschließlich Themen an Ihr Team, die Sie wirklich beeinflussen können!

Beispiel: Distanz akzeptieren
Winni König leitet seit vier Wochen das Entwicklungsteam. Seitdem er offiziell die Führungsrolle übernommen hat, stellt er fest, seine früheren Kollegen distanzieren sich zunehmend von ihm. Nicht mehr alles wird ihm mitgeteilt und in der Teeküche verstummen Gespräche, wenn er hereinkommt.

Die Beziehungen verändern sich unweigerlich, wenn Sie Führungskraft sind. Ihre Kollegen rutschen – bildlich gesprochen – ein Stück von Ihnen weg. Fassen Sie das nicht als Missachtung Ihrer Person auf! Ihr

Kontakt zu den ehemaligen Kollegen und jetzigen Mitarbeitern kühlt meist etwas ab. Dieser veränderte Umgang ist hilfreich für Sie. So wachsen Sie leichter in Ihre Führungsrolle.

Beispiel: Neue Kontakte knüpfen

Als Teamleiter ist Jasmin Paller in einer neuen Hierarchieebene angekommen. Sie ist nun in einem kleinen Kreis der mittleren Führungsebene und unter zwölf Männern gerade einmal die zweite Frau in dieser Position.

Genießen Sie Ihren Erfolg, in Ihrem Berufsleben einen weiteren Schritt vorangekommen zu sein! Jetzt gilt es, Kontakt zu anderen Führungskräften aufzubauen. Richten Sie Ihr Netzwerk neu aus und arbeiten Sie intensiv daran. So erfahren Sie die Tipps und Tricks der erfahrenen Kollegen bei deren Führungsherausforderungen.

Beispiel: Widerstand akzeptieren

Schon wieder kommen nur Gegenargumente zu der neuen Medienkampagne, die Bernd Beidl dem Marketingteam präsentiert. Dieser latente Widerstand prägt seinen Führungsalltag. Immer wieder passiert es ihm, dass Mitarbeiter in Endlosdiskussionen ihre Meinung platzieren wollen.

Kennen Sie solche Situationen? Widerstand erleben Sie immer, wenn Sie Entscheidungen treffen, die Ihre Mitarbeiter nicht voll und ganz akzeptieren. Diese normale Begleiterscheinung gehört zum Führungsalltag. Lernen Sie damit umzugehen, das ist wichtig. Setzten Sie lieber schneller einen Punkt bei Endlosdiskussionen, als auf jedes Argument detailliert einzugehen. Hilfreich ist es, einen festen Zeitrahmen zu stecken. »Heute sprechen wir eine Stunde über die Medienkampagne. Danach wird entschieden, wer was wann und wie verantwortet.« Halten

Sie sich dabei präzise an Ihre Aussage und beenden Sie die Diskussion pünktlich. Hier können Sie die Moderatorenrolle übernehmen. Sobald Sie feststellen, dass Ihre Mitarbeiter sich in Kleinigkeiten verzetteln, weisen Sie bestimmt darauf hin: »Jetzt haben wir noch 30 Minuten, um ein gemeinsames Ergebnis zu erreichen. Wollen wir an diesem Tagesordnungspunkt weiterdiskutieren oder können wir den nächsten besprechen?«

Beispiel: Der jüngste Chef
Gleich nach seinem abgeschlossenen Traineeprogramm bot sich Michael Österreicher die Chance, eine Abteilung zu leiten. Als 28-jähriger Leiter ist er das Küken. In seinem neuen Team sind zwei Mitarbeiter doppelt so alt wie er. Sie könnten seine Eltern sein.

Dies ist eine alltägliche Situation. Als junge Führungskraft bleiben Sie dem Unternehmen treu und übernehmen ein gewachsenes Team. Ältere Mitarbeiter professionell zu führen und von ihnen trotz Welpenstatus akzeptiert zu werden, ist eine Kunst im Führungsalltag. Erinnern Sie sich noch, als die Hormone bei Ihnen Rock 'n' Roll tanzten und Sie am Zenit Ihrer Pubertät waren? Wie überzeugten Sie Ihre Eltern zu der damaligen Zeit am besten? Eines war zu der Zeit auf alle Fälle klar: Nicht Sie bestimmten den Rahmen, sondern Ihre Eltern. Aufgrund des Altersgefälles und des Erziehungsauftrags ist das selbstverständlich. Versetzen Sie sich in die Lage Ihrer älteren Mitarbeiter. Was glauben Sie, wie es ihnen geht, wenn Sie als Jungspund Arbeitsabläufe vorschreiben? Sie erreichen langjährige Mitarbeiter, indem Sie ihre bisherigen Leistungen wertschätzen und diese würdigen. Die Erfahrungen Ihrer älteren Mitarbeiter anzuzapfen, ist hilfreich. Der erweiterte Blick auf die Strategien oder Ziele ist förderlich für die Zusammenarbeit und den Erfolg.

Beispiel: Meetingkultur etablieren

Seitdem Ferdinand Bölzl die Abteilung leitet, gibt es wöchentlich einen Jour fixe. Spätestens einen Tag vor dem Meeting verlangt er von allen Mitarbeitern, die Themenfelder an ihn zu mailen, um die Agenda vorzubereiten. Nach anfänglichem Widerstand melden die Mitarbeiter ihre Punkte rechtzeitig.

Verhalten Sie sich konsequent und stehen Sie zu Ihren Aussagen. Sie werden Gegenwind spüren. Ihre Fahne danach zu richten, ist kontraproduktiv. Produktiver ist: Platzieren Sie Ihre Forderungen wertschätzend und nachvollziehbar. Drängen Sie mit Konsequenz darauf, dass sie eingehalten werden. Ein Meeting ohne Agenda ist regelrecht vergeudete Zeit. Also: Etablieren Sie Abteilungstreffen mit einer festen Agenda. In diese Agenda können Sie ruhig ein Zeitfenster einplanen für unvorhergesehene Themen.

Beispiel: Grenzen aufzeigen

Die Geschäftsführung beförderte vor acht Wochen Sophia Sadlener zur Gruppenleiterin des Vertriebsteam. Sie gehört seit vier Jahren dem Team an und ist für maßgebliche Erfolge verantwortlich. Seitdem Frau Sadlener das Team führt, kommt ihre Ex-Kollegin immer wieder auf sie zu und gibt ihr ungefragt Empfehlungen: »Dieses Projekt würde ich so angehen ... Pass auf, Sophia, hier passieren oft Fehler beim Kunden ... Da musst du jetzt konsequent Nein sagen, sonst glaubt dein Chef, er kann mit dir machen, was er will ...«

Gehen wir davon aus, die Ex-Kollegin will Frau Sadlener hilfreich unterstützen. Wie fänden Sie das, wenn Sie an Frau Sadleners Position wären? Kommunikation gilt als Allheilmittel. Was dabei übersehen wird:

Nicht immer ist sie zielführend. Der Mitarbeiterin eine Grenze aufzeigen und auf ihre Meinung zu verzichten, hört sich erst einmal hart an. Sie benötigen als Führungskraft keine Souffleuse an Ihrer Seite. Ziehen Sie deutlich und wertschätzend die Grenze und verweisen Sie nachdrücklich darauf. Möglich ist: »Danke für deinen Tipp. Wir machen es ab heute so: Wenn ich deinen Ratschlag benötige, komme ich direkt auf dich zu.«

Von der Fach- zur Führungskraft

Im Leben als Führungskraft für sich und die Mitarbeiter sinnvolle Grenzen zu setzen, ist oft schwierig. Zwar sind Sie nun Führungskraft, doch nicht frei von dem Wunsch, akzeptiert und anerkannt zu werden. Grenzen zu setzen, bedeutet klar und unmissverständlich Nein zu sagen. Durch dieses deutliche Nein fühlt sich Ihr Mitarbeiter vielleicht auf die Füße getreten. Zu viel Ja-Sagen beschert Ihnen zu viel Arbeit und reduziert die Zufriedenheit. Jedes Ja, das Sie geben und zu dem Sie eigentlich Nein sagen wollen, führt dazu: Ihre wichtigen Aufgaben sind unerledigt und unwichtige Dinge blockieren Ihre Zeit für Management-Aufgaben. Lügen haben kurze Beine! – verwenden Sie keine Notlügen oder Ausreden! Ein sachliches Nein bezieht sich auf die Aufgabe, das Projekt oder die Präsentation, niemals auf den Mitarbeiter. Ihre Mitarbeiter hören oft ein Nein und beziehen es auf sich persönlich und nicht auf die Sache.

Checkliste: Das 1×1 des Nein-Sagens	
Sie haben die Wahl!	Niemand zwingt Sie ja oder nein zu sagen. Sie entscheiden es ganz alleine.
Prioritäten erkennen!	Ist das Ja zielführend oder müssen Sie dadurch Ihre Prioritäten verändern? – Dann hilft nur das Nein.
Zeit verschenken!	Ein Ja bedeutet, Sie verschenken Ihre kostbare Zeit. Also fragen Sie sich; Wem sage ich Ja – meinem Chef – meinem Kunden – meinem Kollegen?
Bedenkzeit einräumen!	Wenige Dinge gilt es, sofort zu entscheiden – lassen Sie sich nicht unter Druck setzen.
Grenzen kommunizieren!	Benennen Sie klar Ihre Grenzen. Je eindeutiger Sie sind, desto deutlicher können Sie werden, wenn Ihr Mitarbeiter diese überschreitet.
Bleiben Sie bei Ihren Aussagen!	›Heute hüh – morgen hott‹ bedeutet Unsicherheit für Ihre Mitarbeiter. Überlegen Sie lieber länger, bevor Sie eine Ansage machen. Bleiben Sie dann dabei.

Wie können Sie kommunizieren, damit das Nein akzeptiert wird? Eine Trefferquote von 100 Prozent erreichen Sie nie! Sie lösen bei dem einen Mitarbeiter Verständnis aus, beim anderen inneres Kopfschütteln oder Ärger. Achten Sie bei Ihrer Kommunikation auf zwei Fähigkeiten, die Sie kontinuierlich anwenden sollten:

- Klarheit und
- Wertschätzung.

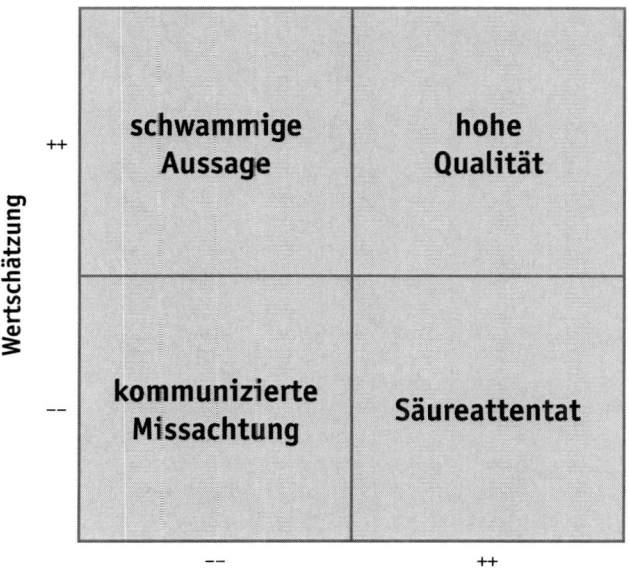

Abbildung 3: Führungskommunikation

Klare und wertschätzende Kommunikation ist das Salz in der Suppe. Nur mit diesen Zutaten akzeptieren Sie Ihre Mitarbeiter. Sie kommunizieren immer – egal ob Sie verbal (= sprechen) oder nonverbal (= Körpersprache) agieren! Die Quadranten der Führungskommunikation helfen Ihnen Ihre Kommunikation genauer zu betrachten. Nehmen wir eine klassische Führungssituation: Ihr Mitarbeiter erscheint des Öfteren unpünktlich am Arbeitsplatz. In einem Vieraugengespräch wollen Sie ihm deutlich mitteilen, dieses Verhalten akzeptieren Sie nicht. Ist Ihr Ärger riesengroß, dann verschieben Sie das Gespräch besser. Sinnlos ist es, ein Gewitter auf den Mitarbeiter niederdonnern zu lassen. Wertschätzend kommunizieren können Sie, wenn Sie innerlich ruhig und gelassen sind.

Erläuterung zur Abbildung 3	
kommunizierte Missachtung – – Wertschätzung – – Klarheit	Immer kommst du zu spät. Deine Arbeitsergebnisse sind fehlerhaft. Übrigens, deinen Urlaub werde ich so nicht genehmigen. Mir war schon von Beginn an klar, du bist der Low-Performer im Team! Strenge dich mehr an und zeige höheren Einsatz.
schwammige Aussagen ++ Wertschätzung – – Klarheit	Es freut mich sehr, dass du in meinem Team bist. Im Großen und Ganzen zeigst du immer wirklich gute Ergebnisse. Eventuell gibt es einen Punkt, an dem du etwas zuverlässiger sein könntest. Kannst du dir vorstellen, um was es geht?
Säureattentat – – Wertschätzung ++ Klarheit	Ich erwarte von dir Pünktlichkeit und zwar ab sofort. Ansonsten musst du mit Konsequenzen rechnen, schlimmstenfalls mit einer Abmahnung.
hohe Qualität ++ Wertschätzung ++ Klarheit	Ich finde deine Beiträge im Team gut und schätze deine fundierten Fachkenntnisse. Leider kommst du nun schon zum vierten Mal innerhalb von zwei Wochen zu spät. Gibt es einen Grund dafür ...? Die Arbeitszeiten beginnen pünktlich um 8.30 Uhr. Bitte halte dich daran. Du bist der Ansprechpartner für deine Kunden. Aus dem Team kann niemand deine Aufgabe übernehmen.

TIPP

Üben Sie die Führungskommunikation aktiv und verwenden Sie praktische Beispiele. Hilfreich ist, wenn Sie mit einem Freund die unterschiedlichen Quadranten aktiv durchgehen.

Seien Sie in den ersten hundert Tagen als junge Führungskraft gnädig mit sich! Ihre fachliche Ausbildung hat sicherlich einen längeren Zeitraum beansprucht. Gestehen Sie sich die Lernzeit zu.

»Perfektion ist der größte Makel – wer alles ist, kann nichts mehr werden.«

Maik Alwin

1.3 Der externe Weg

Sie starten neu in einem Unternehmen und übernehmen eine Führungsposition. Spannendes Neuland liegt vor Ihnen. Den ersten großen Erfolg haben Sie bereits erreicht – Ihren unterschriebenen Arbeitsvertrag! Zwar ist Ihr Rucksack voll mit Fachwissen und Überzeugungskraft, doch all die inneren Firmen- und Abteilungsstrukturen sind unbekannt. Welche offiziellen Firmenregeln existieren und welche geheimen sind zu beachten? Der Boden unter Ihnen fühlt sich zwangsläufig erstmal wackelig an. Doch keine Angst! Denken Sie immer wieder daran: Sie haben die Position aufgrund Ihrer Fähigkeiten erhalten und die stellen Sie nun offen unter Beweis.

Regeln erleichtern das Arbeiten. Stellen Sie sich vor, jeder Mitarbeiter darf schalten und walten wie er möchte. Antiautoritäre Unternehmensführung ist dysfunktional. Als neuer Mitarbeiter lernen Sie schnell die offiziellen Regeln kennen. Diese sind oft schriftlich fixiert. Sie werden als Unternehmensleitlinien, Qualitätshandbücher oder Ähnliches bezeichnet. Hier finden Sie Hilfestellung für die Aufbau- und Ablauforganisation.

Beispiel: Geheime Regeln

Heute startet Werner Büntig als Abteilungsleiter in einem Versicherungsunternehmen. Sein neuer Vorgesetzte führt ihn durch die Räumlichkeiten und stellt ihn vor. Gemeinsam stehen sie am Aufzug und wollen in die nächste Etage fahren. Als sich die Aufzugtür öffnet, steht der Vorstandsvorsitzende darin. Herr Büntig will den Aufzug betreten, erkennt aber durch das Kopfnicken von seinem Vorgesetzten, dass er nicht einsteigen sollte. Dieser grüßt kurz den Vorstandsvorsitzenden, bevor sich der Aufzug schließt.

In unserer Beratungspraxis erleben wir bis heute den aktiv praktizierten präsidialen Führungsstil. Was für uns befremdlich wirkt, ist in Großkonzernen üblich: das Vorstandskasino, die Extraparkplätze der Top-Führungsebene, das sofortige Springen, wenn der Geschäftsführer etwas anfordert. Für Sie ist es herausfordernd, die unausgesprochenen Gesetze kennenzulernen. Nur wenn Sie diese geheimen Regen kennen und beachten, wird Ihr Führungsleben erfolgreich sein. Beruflicher Erfolg ist gefährdet, wenn unausgesprochene Unternehmensregeln zu wenig berücksichtigt werden. Der Bundesverband Deutsche Unternehmensberater BDU e. B. befragte mit dem Magazin *Wirtschaftswoche* 500 Entscheidungsträger aus Beratungsgesellschaften. Als Top-Karrierekiller kamen heraus:

- 53,3 Prozent: Eigene Fähigkeiten überschätzen/nicht kritikfähig sein
- 48,6 Prozent: Spielregeln des eigenen Unternehmens nicht durchschauen
- 44.2 Prozent: sich nicht weiterentwickeln wollen
- 38,3 Prozent: informelle Netzwerke im Unternehmen nicht erkennen
- 31,8 Prozent: eigene Ziele nicht kennen

Lösen Sie Ihre Karrierebremse und achten Sie auf die Kommunikation zwischen den Zeilen. Wagen Sie den Blick in das ›System Unternehmen‹ und erforschen Sie die Gesetze, damit Sie positiv durchstarten. Ihr bisher gelernter Erfahrungsschatz ist groß, auf diesem bauen Sie nun auf. Es existieren klassische Systemgesetze. Für Sie ist es hilfreich, diese zu kennen. Sie erleichtern Ihnen den Blick hinter die Kulissen und geben Ihnen einen Kompass für Ihr Neuland.

Bestehendes Team – bestehende Strukturen – bestehende Werte

Sie kommen neu in ein gewachsenes Team. Lernen Sie das geheime Beziehungsgeflecht kennen und achten Sie ab Ihrem ersten Arbeitstag darauf, dieses am Anfang nicht zu sehr zu verwirren.

Abbildung 4: System-Gesetze

Beispiel: Anerkennen was ist

Nachdem Tobias Moderer sich in die Zahlen, Daten und Fakten seiner neuer Abteilung innerhalb kurzer Zeit eingearbeitet hat, ruft er das Team zusammen. Er skizziert prägnant, was er unternehmen wird, um die Kostenspirale zu dämpfen. »*Die Zahlen zeigen mir eine jahrelange Misswirtschaft in der Abteilung. Wieso so teure Büromöbel angeschafft wurden, ist mir ehrlich ein Rätsel. Es gibt einige Kostenblöcke, die definitiv zu hoch sind!*«

Schnell will Tobias Moderer die Abteilung neu strukturieren. Das ist nachvollziehbar. Kommen Sie in solch eine Situation, achten Sie auf das systemische Gesetz ›Anerkennen, was ist‹. Natürlich können Sie klare Worte sprechen. Bei Zahlen gibt es nichts zum Schönreden. Doch Ihr neues Team wird sicherlich schon erfolgreich gearbeitet haben und Sie wissen es (noch) nicht. Wichtig für Sie ist: Würdigen Sie diese Erfolge! Es kommt nicht auf Schönmalerei an. Sondern auf ein motivierendes: »Sie haben einiges geschafft in den letzten Jahren, davor habe ich hohen Respekt! Gemeinsam werden wir unsere Abteilung weiter voranbringen. Mit Ihrer Erfahrung aus den letzten Jahren und meinem neuen Blick können wir gemeinsam einiges bewegen.«

TIPP

›Anerkennen, was ist‹ erreichen Sie durch:

- **positiven Rückblick: benennen von Erfolgen; Lob und Respekt aussprechen.**
- **Zukunftsblick: gemeinsam mit der Teamerfahrung plus Ihre Kompetenz lässt sich die Zukunft gestalten**
- **Zielblick: Gemeinsam wollen Sie den Erfolg/das Ziel erreichen.**

Kennen Sie Unternehmen, in denen die Porträts der Gründer im Foyer hängen? Oder Firmen, die eine gut sichtbare Mitarbeitergalerie ausstellen? Jeder Besucher sieht so, wer dazugehörte. Zwar kündigen Mitarbeiter oder es gibt Geschäftsführerwechsel, doch Zugehörigkeit verjährt nicht. Stellen Sie sich alle Mitarbeiter wie Wurzeln des Systems vor. Jeder Firmenangehörige hat einen Beitrag geleistet, egal wie groß oder klein dieser Beitrag war. Dieses Zugehörigkeitsgefühl zu bestärken wirkt sich positiv auf Abteilung und Unternehmen aus.

Zeigen Sie Interesse an Ihren Vorgängern. Bestimmt erfahren Sie die eine oder andere Anekdote und lernen für Ihren Führungsalltag.

TIPP

Beispiel: Einer für alles!
Der neue Kreativdirektor der Werbeagentur stürzt sich begeistert in seine Aufgaben. Nach kurzer Zeit ist er Problemlöser, Feuerwehr und Antreiber für das Kreativteam.

Gehören Sie zu der Spezies Führungskraft, die mehr Freude beim Geben als beim Nehmen empfindet? Wird auf die Balance von beiden geachtet, entsteht eine wirkliche Zusammenarbeit. Gibt eine Führungskraft zu viel beziehungsweise ausschließlich, ist das Gleichgewicht gestört. Schlimmer noch: Fühlt sich der Vorgesetzte dafür verantwortlich, alle Probleme aus dem Weg zu räumen, verhindert er Entwicklungschancen bei den Mitarbeitern.

Erkennen Sie, ob der Ausgleich von Geben und Nehmen in Ihrer Abteilung stattfindet. Reflektieren Sie die Fragen zur systemischen Gesetzmäßigkeit.

Beispiel: Wer zuerst kommt, mahlt zuerst

Als neuer Gruppenleiter räumt Gerhard Haupt erst einmal auf. Deutlich kommuniziert er, alles Alte soll verbessert werden. Mit externen Beratern entwickelt Herr Haupt sogar ein sinnvolles Konzept. Doch die Mitarbeiter wirken demotiviert beim Umsetzen und die Leistung sinkt sogar.

Dieses ›Erst einmal aufräumen‹ ist nachvollziehbar. Die gute Absicht der Führungskraft führte nicht zum Ziel, da sie das systemische Gesetz ›Vorrang des Früheren vor dem Späteren‹ überging. Vor seiner Zeit arbeiteten viele Personen schon im Unternehmen. Das soll und muss er anerkennen, nur so wird er selbst Wertschätzung erfahren. Wer Geschwister erlebt hat, hat dieses Gesetz bereits im Familiensystem erfahren. Dem ältesten Bruder oder der ältesten Schwester vorzuschreiben, was er/sie tun sollte, wurde fast zwangsläufig mit Missachtung gestraft. So lernten alle jüngeren Geschwister unterschiedliche Strategien, um die älteren von einer Sache zu überzeugen. Die Strategie, die ins Leere lief, war Vorschriften machen oder Besserwisserei an den Tag zu legen. Ratsam ist es, als neue Führungskraft in einem bestehenden Team herauszufinden, was wer geleistet hat, und respektvoll mit dem Bestehenden umzugehen. Fassen die Mitarbeiter Vertrauen, können wohldosierte Veränderungsprozesse gestartet werden.

Rollen Sie das Feld von hinten auf. Als Führungskraft stellen Sie sich – bildlich gesprochen – am Ende der Reihe an. So lernen Sie, wie das Team tickt, ohne zu viele Widerstände auszulösen.

Beispiel: Flache Hierarchien

Als Teamleiter in einem kleine Start-up-Unternehmen ist Peter Benecke begeistert von den flachen Hierarchien. Die Mitglieder der Geschäftsführung kommunizieren deutlich, sie gehören zum Team. Sie wollen nicht als Chefs auftreten, getreu dem Motto ›Ober sticht Unter‹.

Diese ›Wir sind alle eine Ebene‹-Struktur mündet oft in langen Entscheidungsprozessen mit sich wiederholenden Diskussionsschleifen. Sind die Hierarchien noch so flach – es gibt immer Entscheidungsträger. Die müssen in ihrer Rolle deutlich sichtbar sein. Schwammige Aussagen führen zu einer pseudo-kooperativen Mitarbeiterführung. Das systemische Gesetz ›Vorrang der höheren Verantwortung‹ bedeutet, als Führungskraft verantwortungsvoll zu entscheiden. Es gibt Situationen, in denen Sie als Führungskraft nicht alle Details kennen und zu entscheiden haben. Durch Ihre Rolle als Vorgesetzter ist Ihr Verantwortungsbereich höher als der Ihrer Mitarbeiter. Seien Sie sich dessen bewusst.

Beispiel: Gerechtigkeit

Durch das gute Abteilungsergebnis gibt es dieses Jahr einen stattlichen Bonus. Britta Podamer verteilt das Geld gleichmäßig auf alle Teammitglieder, damit sich keiner benachteiligt fühlt.

Leistet in einem Team jedes Mitglied den gleichen Beitrag, ist Britta Podamer richtig vorgegangen. Kennen Sie Teams, die ausschließlich aus Leistungsträgern bestehen? Wir nicht. Es gibt zwangsläufig

Unterschiede. Hier greift das systemische Gesetz: Vorrang der größeren Leistungen. Honorieren Sie Erfolge Ihrer Mitarbeiter. Gehaltserhöhungen oder Bonuszahlungen sind nicht immer durchführbar. Es gibt unterschiedlichste Möglichkeiten, höhere Leistung anzuerkennen: deutlich Lob aussprechen, verantwortungsvollere Aufgaben übergeben, Fortbildungen genehmigen und vieles mehr. Ein gut formuliertes, persönliches Lob, eine persönliche Notiz oder ein kurzer Anruf ist die preiswerteste Art, Mitarbeiter zu motivieren. Gemeint ist nicht Vorzugsbehandlung, sondern dem Team zu signalisieren: Leistung lohnt sich.

Die erfolgreichste Motivation kommt von innen. Diese intrinsische Motivation ist der Motor von Menschen, herausragende Ergebnisse zu erzielen, sei es beruflich oder sportlich. Treffend formulierte es ein bekannter Fußballtrainer:

»Ein guter Trainer kann eine Mannschaft um zehn Prozent verbessern; ein schlechter macht sie 50 Prozent schlechter.«

Giovanni Trapattoni

Das siebte systemische Gesetz beschreibt den Wissens- und Kompetenzvorrang.

Beispiel: Langjähriger Mitarbeiter
Herbert Fischer arbeitet seit seiner Ausbildung zum Bankkaufmann in der Sena-Bank im Kreditwesen. Auf sein 35-jähriges Firmenjubiläum letztes Jahr blickt er stolz zurück. Sein neuer Abteilungsleiter ist frisch gebackener Absolvent einer Eliteuniversität.

Wenn Sie Neuling im Führungsalltag mit einem gewachsenen Team sind, verfügen alle Ihre Mitarbeiter über deutlichen Wissensvorsprung. Sie bringen frischen Wind in die Abteilung – gut so. Würdigen Sie dabei das vorhandene Wissen und die Kompetenz. Sie können von langjährigen Mitarbeitern viel erfahren, was Firmengeschichte, -kultur und -kommunikation betrifft. Nutzen Sie dieses Lexikonwissen. So erkennen Sie den Wissens- und Kompetenzvorsprung positiv an.

Achten Sie auf diese impliziten Gesetzmäßigkeiten – sie wirken stärker als explizite Vorschriften. Diese Insiderregeln bestimmen Ihr Leben als Führungskraft, arbeiten Sie aktiv damit.

TIPP

Alles neu – Start auf der grünen Wiese

Sie gründen Ihr eigenes Unternehmen und gestalten es nach Ihren Vorstellungen und Wünschen. Was erwarten Mitarbeiter von Firmen und Chefs? Die repräsentative Gallup-Studie von 2013 wertete die Antworten von 18.000 Menschen aus.

Förderliche Faktoren	Kündigungsgründe
• kollegiales Umfeld • erfüllender Job • angemessenes Gehalt • gute Führungskraft • genügend Entscheidungsfreiräume	• schlechtes Arbeitsklima • Aufgabe, die keinen Spaß macht • schlechte Führungskraft, die mich nicht fördert und mich nicht fair behandelt • zu niedriges Gehalt

Gehalt steht bei förderlichen Faktoren auf dem dritten Platz, bei Kündigungsgründen auf dem vierten. Ausschlaggebend für anhaltenden Erfolg ist das kollegiale Umfeld. Auf dieses wirken Sie als Führungskraft direkt ein. Bei Firmengründern steht Personalführung zwangsläufig nicht im

Fokus. Gilt es doch, das Unternehmen aufzubauen und es am Markt zu etablieren. Reservieren Sie neben all Ihrer Gründungsarbeit Zeit für Ihre Mitarbeiter! Wollen Sie, dass Ihre Mitarbeiter die bestmögliche Leistung erbringen, ihr volles Potenzial einbringen und die Firma tatkräftig unterstützen? So achten Sie trotz Gründungsstress auf ein entspanntes Arbeitsklima. Vermeiden Sie Drohszenarien wie »Wenn wir nicht genügend Kunden haben, kann ich die Firma schließen!« Das steigert nur die Angst und reduziert die Produktivität. Planen Sie genügend Zeit für Feedback-Schleifen ein. Führen Sie kontinuierlich direkte Gespräche, Teammeetings oder Workshops durch. Verwenden Sie diese Plattformen, um Ihre Mitarbeiter über den aktuellen Stand zu informieren, zu platzieren, was Sie erwarten und die gemeinsamen Ziele zu justieren. Bleiben Sie bei allem authentisch! Ihre Mitarbeiter erkennen in Windeseile, ob Sie ihnen etwas vorgaukeln oder es ehrlich meinen. Stehen Sie zu Ihren Stärken und Schwächen, Ecken und Kanten – Perfektionismus ist ein schlechter Freund, da er auf Kosten der Menschlichkeit lebt.

Beispiel: Schwierige Zeiten
Beim wöchentlichen Jour fixe präsentiert Volker Binnerhoff die Zahlen. Die letzte Printkampagne war ein Flop. Er will seine Mitarbeiter anspornen und kommuniziert die Ergebnisse ungeschönt: Das Ergebnis war wirklich schlecht, wir müssen mehr Gas geben und erfolgreicher sein!

Bei einer authentischen Aussage geht der Chef auf seine Bedenken ein, vielleicht teilt er auch mit, was er befürchtet. Mit seiner deutlichen Ansage löst er eher Angst aus. Hilfreicher ist, neben den sachlichen Informationen ebenso persönliche Aspekte einfließen zu lassen. Volker Binnerhoff bezieht sein Team als Unternehmensgründer ein, wenn er im Meeting kommuniziert: »Die nächsten drei Monate ist genügend Kapital da. Ich will keinen von euch verlieren, doch sehe ich mir die Zahlen besorgt an. Was können wir unternehmen, damit die nächsten Kampagnen erfolgreicher werden?«

Mitarbeiter von neu gegründeten Firmen entscheiden sich bewusst für Strukturen, die im dynamischen Wachsen sind. Deutlich unterscheiden sie, ob sie in einem etablierten Unternehmen oder in einer Start-up-Firma arbeiten wollen. Akzeptieren Sie als Chef diese Haltung und versuchen Sie Ihr Team mit ehrlichen Aussagen auf das gemeinsame Ziel einzuschwören.

- **Erarbeiten Sie sich Respekt und Vertrauen, um anerkannt zu werden. Hören Sie zu, stellen Sie Fragen und nehmen Sie die Anregungen Ihres Team ernst.**
- **Nehmen Sie sich genügend Zeit, um alle Ihre Mitarbeiter kennenzulernen.**
- **Suchen Sie sich Gesprächspartner auf Ihrer Hierarchieebene.**
- **Kommunizieren Sie Ihre Grenzen, indem Sie deutlich darstellen, für was Sie zuständig sind.**
- **Delegieren Sie Aufgabenpakete und akzeptieren Sie, dass andere Lösungswege existieren. Unterbinden Sie Rückdelegation.**
- **Verabschieden Sie sich vom Perfektionismus.**
- **Beachten Sie die systemischen Gesetze und akzeptieren Sie die informellen Regeln.**
- **Verabschieden Sie sich von Ihrer früheren Rolle als Mitarbeiter und gestehen Sie sich die Lernphase als neue Führungskraft zu.**

Vertiefungsliteratur zum Kapitel I

Pollehn, Sylvana (2011): Hier bin ich der Boss! Gemeinsam zum Erfolg. BusinessVillage, Göttingen.

Drühe-Wienholt, Christiane (2008): Plötzlich Führungskraft. BusinessVillage, Göttingen.

Daigeler, Thomas; Franz Hölzl; Nadja Raslan (2012): Führungstechniken. 2. Auflage, Haufe, Freiburg.

Führungspersönlichkeit entwickeln

Alte Landkarten enthalten weiße Flecken. Diese Gebiete waren unbekanntes, unerforschtes Land. Die letzten unbekannten Flecken der Erde wurden vor hundert Jahren von Abenteurern, Forschungsreisenden und Missionaren erkundet. Sich auf die Reise in unbekanntes Land zu begeben, erforderte neben Entdeckergeist, Abenteuerlust und Mut auch Risikobereitschaft. Alles Eigenschaften, die heute noch essenziell für Führungspersönlichkeiten sind. Im Führungsalltag heißen diese Fähigkeiten ›Schlüsselkompetenzen‹. In Stellenangeboten oder Tätigkeitsbeschreibungen fallen Begriffe wie: Sozial-, Methoden- und Fachkompetenz. Sie wollen Ihre Führungspersönlichkeit entwickeln? Dann sind Sie Expeditionsleiter oder Entdecker für sich! Als Führungspersönlichkeit entfalten Sie Kompetenzen und können mit Ihrem Team auf einer Entdeckungsreise durchstarten. Es gilt, Mitarbeiter-Potenziale optimal zu erkennen und einzusetzen, um gemeinsam die Ziele zu erreichen und niemanden auf der Reise zu verlieren. Sie gestalten als Vorgesetzter aktiv und gehen neue, unkonventionelle Wege. Auch sollten Sie kreative Ideen entwickeln und professionell umsetzen. So können Sie Ihren Beitrag zum Unternehmenserfolg leisten.

Wollen Sie Ihre Führungspersönlichkeit entwickeln, bedeutet dies für Sie immer wieder Neuland zu erkunden.

»Es gibt drei Dinge, die extrem hart sind: Stahl, ein Diamant und sich selbst zu kennen.«

Benjamin Franklin

Die Psychologen Ethan Zell und Zlatan Krizan untersuchten, wie zutreffend Menschen sich selbst einschätzen können. Dazu werteten sie 22 Meta-Studien mit insgesamt 200.000 Teilnehmern aus. Fazit der Studie:

Die wenigsten Menschen schätzen sich selbst realistisch ein. Entweder sie überschätzen ihre eigenen Fähigkeiten oder sie unterschätzen sie. So beurteilt die Mehrheit ihre Kompetenzen in unterschiedlichen Bereichen falsch. Als Führungskraft ist es essenziell, dass Sie Ihre Kompetenzen und Fähigkeiten möglichst korrekt einschätzen. Nur so gelingt es Ihnen, Erwartungen zu erfüllen und Ziele zu erreichen. Zu einer realistischen Einschätzung kommen Sie, indem Sie sich aktiv Feedback zu Ihrem Fremdbild einholen. Gleichen Sie dieses immer wieder mit Ihrem Selbstbild ab. (Perspectives on Psychological Science 2014: Bd. 9, S. 111)

2.1 Der Schlüssel zum Erfolg – meine Kompetenzen erkennen

Die geborene Führungskraft gibt es nicht! Von Kindesbeinen an erlernen wir Schlüsselkompetenzen. Hierunter sind zu verstehen:

Abbildung 5: Schlüsselkompetenzen

Die Fach- und Methodenkompetenz ist Ihre berufliche, professionelle Basis. Sie wird erlernt durch Schule, Ausbildung, Universität und Berufserfahrung. Die Sozialkompetenz ist das Salz in der Suppe für Sie als Führungskraft. Diese sollten Sie kontinuierlich weiterentwickeln. Mit Ihrer Sozialkompetenz gestalten Sie das Verhältnis zu Ihrem Team, Ihren Mitarbeitern, Kollegen und Vorgesetzten.

Test: Meine Sozialkompetenz – Abgleich Selbstbild und Fremdbild (++ = überdurchschnittlich gut ausgeprägt; -- = sehr schwache Ausprägung)								
Kompetenz	**Selbstbild**				**Fremdbild**			
	++	+	–	--	++	+	–	--
Kommunikation • hört zu • fragt nach • trifft klare, deutliche, nachvollziehbare Aussagen • ...								
Führungsqualität • baut Vertrauen auf • delegiert Aufgaben mit Verantwortung • benennt Ziele und unterstützt beim Problemlösen • ...								
Konflikt • respektiert sein Gegenüber • erläutert eigene Position, Bedürfnisse, Interessen, Wünsche, Gefühle • strebt Lösung an • ...								

Teamfähigkeit • erkennt die Potenziale der einzelnen Teammitglieder • delegiert Aufgaben • zeigt Verantwortung für den Gesamtprozess • …								
Selbst gewählte Kompetenz • … • …								

Fotokopieren Sie diesen Test und schätzen Sie sich im ersten Schritt selbst ein. Suchen Sie sich mindestens vier Personen Ihres Vertrauens. Achten Sie hierbei auf unterschiedliche Charaktere, die Ihr Fremdbild einschätzen. Händigen Sie den Blankotest aus und lassen Sie sich überraschen, wie Sie von außen wahrgenommen werden.

TIPP

Werten Sie mit Ihrem Fremdbildgeber den Test aus. Vermeiden Sie die Warum-Frage, da diese keine Handlungsanweisung für Sie bietet. Hilfreiche Fragen sind hingegen: Was kann ich unternehmen, um von – auf + zu gelangen?, Wie könnte ich handeln, damit du es anders einschätzt?, Wie hättest du mich vor einem Jahr eingeschätzt? Schalten Sie den Diskussionsmodus aus und den Zuhörmodus ein. So braucht sich Ihr Gesprächspartner nicht zu rechtfertigen. Sie erhalten dadurch wertvolle Infos für Ihr Führungsleben. Das Fremdbild ist ein Geschenk – also bedanken nicht vergessen!

Wiederholen Sie diesen Test in den ersten hundert Tagen mindestens drei Mal: zum Start, zur Halbzeit und nach dem Erreichen der ersten Zwischenetappe. Ihr Selbstbild können Sie somit kontinuierlich abgleichen.

2.2 Ihr erster Eindruck als Führungskraft

Schnell Vertrauen gewinnen ist notwendig, um als Führungskraft erfolgreich zu agieren, um Mitarbeiter zu motivieren und sie zu herausragenden Leistungen anzuspornen. Natürlich haben Sie eine zweite Chance, falls der erste Eindruck misslingt. Viel leichter ist es jedoch, wenn Sie sich selbst mit Ihrem Ersteindruck keine Steine in den Weg legen.

Beispiel: Halbgott in weiß

Stellen Sie sich vor: Ihr Knie schmerzt und Sie gehen zum Orthopäden. Hier begeben Sie sich mit einer gehörigen Portion Vorschussvertrauen in die Hände eines Spezialisten. Oder fragen Sie vor der Untersuchung den Arzt, wo er sein Abitur absolvierte, wie lange sein Studium dauerte und ob er sofort die Facharztprüfung bestand? Lassen Sie sich Zertifikate zeigen und prüfen Sie sein Können? Eher nicht. Wahrscheinlich misstrauen oder vertrauen Sie dem Orthopäden intuitiv.

Nur Sekundenbruchteile dauert die Entscheidung, ob ein Mensch:
- sympathisch oder unsympathisch wirkt,
- Kompetenz oder Inkompetenz ausstrahlt,
- Führungsfähigkeit präsentiert,
- Freund oder Feind ist.

Beispiel: Nonverbale Körpersignale

Als Teamleiter nimmt Sascha Böglmeier viele Kundentermine war. Er achtet bei diesen Treffen besonders auf seine Kleidung und ist immer gut vorbereitet. Als er den Geschäftsführer einer jungen Werbeagentur trifft und ihm die Hand reicht, fragt dieser erstaunt: »Herr Böglmeier, haben Sie sich vor Kurzem ihre Hand gebrochen, vielleicht beim Skifahren? Ihr

Händedruck ist so zögerlich. Auf keinen Fall will ich zu fest zudrücken, nicht dass ich Ihnen zusätzlich Schmerzen zufüge.« Erstaunt und verwirrt verneint er die Frage. Ob anderen Kunden auch sein lockerer Händedruck aufgefallen ist? Welchen Eindruck er durch seinen laschen Händedruck wohl vermittelt?*

Wissen Sie, wie Ihr Händedruck ist und was Sie damit auslösen? Stellen Sie sich vor, Sie werden begrüßt. Ihnen wird die Hand gereicht und Sie fühlen einen feuchtkalten, leichten Händedruck. Gehört dieser lockere Händedruck zu einer starken Persönlichkeit oder erscheinen in Ihrem Kopfkino andere Bilder?

Eher werden Gefühle ausgelöst wie ›Das ist kein ernst zu nehmender Gesprächspartner‹, ›Was für ein Waschlappen?‹ oder ›Den werde ich schnell überzeugen‹. Im ersten Moment löst die unverblümte Frage vom Geschäftsführer Peinlich-berührt-sein aus. Das Feedback ist für Herrn Böglmeier absolut hilfreich. Nun kann er bewusst auf seinen Händedruck achten, sich weiter Feedback einholen und, wenn er will, etwas daran ändern.

Durch Feedback verkleinern sich die weißen Flecken Ihrer Persönlichkeit. Ehrliches, wertschätzendes Feedback löst positive und negative Empfindungen aus. Sie entwickeln Ihre Führungspersönlichkeit, indem Sie aktiv Feedback einholen. Lassen Sie sich durch negatives Feedback nicht verunsichern. Nur wenn Sie Ihre blinden Flecken auf Ihrer Persönlichkeitslandkarte kennen, können Sie sich professionalisieren.

FAZIT

In unserer Trainings- und Beratungspraxis erleben wir immer wieder, wie erstaunt angehende Führungskräfte sind, was sie allein durch ihr Auftreten und ihre Ausstrahlung auslösen. Als professionelle Feedbackgeber setzen wir oft die Mitarbeiterbrille auf und spiegeln dem Teilnehmer oder Coachee sein Verhalten. Auch ohne Coach an Ihrer Seite können Sie Ihre Selbstwahrnehmung schärfen und eine Basis für Selbstcoaching schaffen.

Meine Wirkung kennen – Klarheit erlangen

Fünf Wahrnehmungskanäle beeinflussen Ihren ersten Eindruck. Das ist gut so. Dies ermöglicht Ihnen, bewusst als Führungspersönlichkeit aufzutreten. Unsere Wahrnehmungskanäle sind: sehen – hören – fühlen – riechen – schmecken.

Beispiel: Startschuss

Johannes Hamburger leitet seit Monatserstem das Team Kundenservice. Von einem Freund erhält er den Tipp zu beobachten, welche Menschen auf ihn positiv wirken und welche Persönlichkeiten für ihn Führungsqualitäten ausstrahlen. Im Gespräch weist sein Freund ihn darauf hin: »Stelle dir vor, du gehst zum Autoreifen-Wechseln. Der Werkstattleiter steht vor dir in einem dunkelblauen Anzug mit weißem Hemd und Krawatte. Er findet es cool und lässig, dass du bei ihm den Service durchführen lässt. Eine intensive Wolke seines Aftershaves zieht in deine Nase. Oder du gehst zum Zahnarzt. Sein Kittel ist mit Blutspritzern übersät und er riecht nach Zigarettenrauch.«

Diese Äußerlichkeiten sagen natürlich gar nichts über Persönlichkeiten aus! Solche Äußerlichkeiten prägen aber die Wahrnehmung und Bewertung des Gegenübers.

Als Führungskraft gilt es, positiv zu beeindrucken. Ihre Persönlichkeit ist komplex. Ihr Auftreten und Ihre Ausstrahlung sind lediglich ein Mikroteil, der jedoch maximale Wirkung erzeugt. Sie kommunizieren mit Ihrer Kleidung. Ob Sie wollen oder nicht. Vorurteile können Sie nicht beeinflussen, also leben Sie damit und nutzen Sie diese aktiv.

TIPP

Ihre Persönlichkeit als Führungskraft bauen Sie aus, wenn Sie unterschiedliche Perspektiven einnehmen. Setzen Sie sich unterschiedliche Brillen auf, je nachdem in welcher Situation Sie sich befinden. Wählen Sie zwischen:

- Mitarbeiterbrille
- Kundenbrille
- Chefbrille
- Kollegenbrille

Analysieren Sie Ihren ersten Eindruck, welches Persönlichkeitsbild Sie in Ihren ersten hundert Tagen vermitteln. Auch hier gilt: Gleichen Sie Ihr Selbst- und Fremdbild ab. Die Methode der Wahl ist: Feedback! Holen Sie sich dies von Freunden und Vertrauten ein. Vergrößern Sie in Ihrem weiteren Führungsleben den Kreis der Feedbackgeber um Mitarbeiter, Kollegen, Vorgesetzte, Kunden und viele mehr.

Die Checkliste hilft Ihnen dabei, Ihren ersten Eindruck zu analysieren und zu betrachten, welche Wahrnehmungskanäle angesprochen werden.

Checkliste – Mein erster Eindruck/Wahrnehmungskanäle			
Augen (visuelle Wahrnehmung)	**Ohren** (auditive Wahrnehmung)	**Nase** (olfaktorische Wahrnehmung)	**Gefühl** (kinästhetische Wahrnehmung)
›Kleider machen Leute‹	**›Das Gras wachsen hören‹**	**›Den kann ich gut riechen‹**	**›Sich pudelwohl fühlen‹**
Wie ist der Dresscode im Unternehmen? Fühle ich mich wohl in meiner Kleidung? Sind meine Schuhe bequem? Kann ich mich in meinem Businessoutfit ungezwungen bewegen? Wirke ich over-/ underdressed?	Ist meine Stimmlautstärke dem Raum angepasst? Neige ich zum Flüstern bzw. zum Schreien? Verwende ich gerne Redewendungen und Füllwörter? Ist meine Stimmmodulation monoton? Setze ich bewusst Redepausen? Verwende ich rhetorische Fragen?	Schwitze ich verstärkt in Situationen, in denen ich aufgeregt bin? Rieche ich nach Zigarettenrauch? Welches Parfüm/ Aftershave benutze ich? Neige ich zu Mundgeruch?	Wie ist mein Händedruck? Fest – weich – lasch? Achte ich auf den Sozialabstand?

Oft kommt die Frage an uns als Spezialisten: »Wie schaut die perfekte Führungspersönlichkeit aus?« Auch mit noch so viel Spezialistenwissen und Erfahrung lässt sich diese Frage niemals beantworten. Die perfekte Führungskraft gibt es genauso wenig wie den perfekten Ehemann, den perfekten Sohn, die perfekte Tochter oder überhaupt den perfekten Menschen. Für Ihren beruflichen Erfolg ist exzellente Fachkompetenz nicht ausreichend. Sind Sie bereit kontinuierlich an Ihrer Persönlichkeit zu arbeiten und diese zu reflektieren? Nur so erweitern Sie Ihre sozialen Kompetenzen und füllen Ihren Soft-Skill-Koffer. Ergebnis ist souveränes und charismatisches Auftreten und Strahlkraft als Führungspersönlichkeit.

»Man sollte sich nicht schlafen legen, ohne sagen zu können, dass man an dem Tag etwas gelernt hätte.«

Georg Christoph Lichtenberg

Vielleicht kann dieses Zitat Ihr Motto werden, um Ihre Führungspersönlichkeit kontinuierlich auszubauen. Stillstand bedeutet als Führungskraft Rückschritt, da nur tote Fische mit dem Strom schwimmen.

Souveränität mit der SBS-Formel

Diese Formel beinhaltet eine aufrechte Haltung, einen offenen Blick, ein gewinnendes Lächeln und eine angenehme Stimme. Sie kommunizieren als erstes mit Ihrem Körper und erst als zweites mit Ihrem Intellekt. Das bedeutet: erst nonverbal, dann verbal.

Kennen Sie die Situationen:

- Ein Kollege präsentiert und fesselt das gesamte Auditorium, während andere Kollegen durch ihren Vortrag wie eine lebende Schlaftablette wirken.
- Eine Person betritt den Raum und füllt ihn mit ihrer Präsenz aus.
- Es gibt Menschen, die wenig sagen und trotzdem viel bewirken durch ihre Aussagen, ganz nach dem Motto: Die Quantität der gesprochenen Wörter zählt nicht, sondern die Qualität der Beiträge.

Alle drei Darstellungen lassen sich mit der SBS-Formel erklären.

Stand
Blick
Stimme

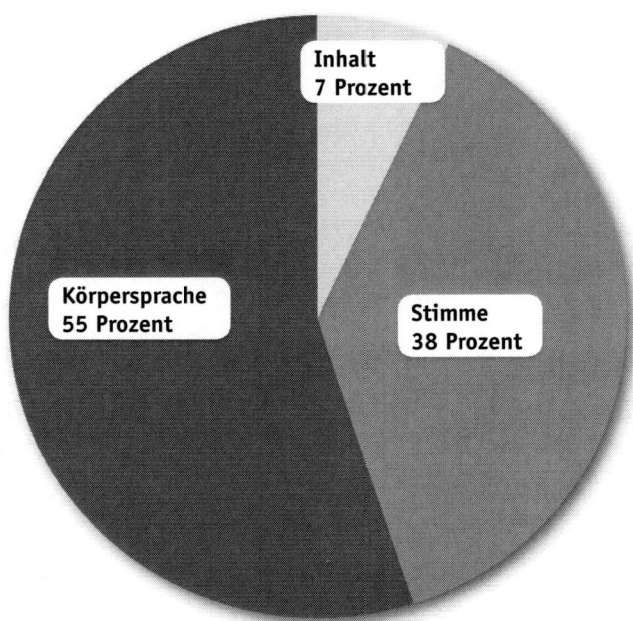

Abbildung 6: Ihre Wirkung – Ihr Eigenkapital.
(Studie von Albert Mehrabian: Verhältnis sprachlicher Inhalt/stimmlicher
Ausdruck/Körpersprache)

Konzentrieren Sie sich beim Entwickeln Ihrer Führungspersönlichkeit erst einmal auf einen Punkt. Sie überfordern sich, wenn Sie im Gespräch auf alle drei Aspekte achten. Sie können Ihre Arbeitswoche starten, indem Sie sich die Aufgabe stellen: Heute achte ich auf meinen Stand, morgen auf den Blick und übermorgen auf meine Stimme. Mit der Zeit stellt sich automatisch Sicherheit ein und Sie können innerlich prüfen, wie Sie wirken. Spielen Sie mit Ihrer Wirkung und probieren Sie ruhig aus, wie Ihr Gegenüber reagiert, wenn Sie zum Beispiel Ihre Körperhaltung verändern.

Stand – So schnell schmeißt Sie nichts um!

Sie verraten mit Ihrem Stand und somit Ihrer Körperhaltung viel über sich: Auch wenn Sie nicht reden, kommunizieren Sie nonverbal, Sie vermitteln Ihrer Außenwelt etwas über Ihren Charakter, Ihre Einstellung und Ihre aktuelle Stimmung. Sie wirken sympathisch, wenn Sie auf eine gute Körperhaltung achten. Stehen Sie mit beiden Beinen fest auf dem Boden oder wackeln Sie eher umher? Versuchen Sie geradezustehen und kein Spielbein zu verwenden. Wippen Sie beim Sprechen nicht nach vorne und hinten. Vermeiden Sie den ›Cowboy-Stand‹, das bedeutet zu breitbeinig zu stehen, und die ›Sylt-Haltung‹, bei der beide Hände vor die Körpermitte gehalten werden, wie Fußballer beim Freistoß, die die Mauer aufbauen. Genauso in cer Sitzposition: Füllen Sie Ihren Bürostuhl aus oder lümmeln Sie in diesem?

Als Führungskraft sollten Sie:
- aufrecht und locker stehen,
- Ihre Schultern geradehalten und das Kinn leicht anheben,
- auf einen leichten und elastischen Gang achten mit nicht zu großer oder zu kleiner Schrittlänge,
- professionell stehen: Ihre Eeine stehen hüftbreit auseinander, Ihre Arme hängen entspannt an den Seiten herunter.

Blick – mit den Augen sprechen

Ihre Augen sind Spiegel und Ausdruck Ihrer Seele. Sie sprechen mit Ihren Augen. Sie erkennen sofort, ob jemand zweifelnd, zustimmend, ablehnend, freudig oder fragenc blickt.

Schenken Sie Ihrem Dialogpartner einen offenen Blick. Ihre Augen-Kommunikation ist entscheidend bei jedem Gespräch. Halten Sie mindestens ein bis höchstens drei Sekunden Blickkontakt, ansonsten wird Ihr Blickkontakt als Starren empfunden. Versuchen Sie auf gleicher Augenhöhe zu kommunizieren. Setzen Sie sich hin, wenn Ihr Mitarbeiter am Schreibtisch sitzt, und vermeiden Sie es, von oben herab zu sprechen.

Lernen Sie das Blick-Einmaleins:

- **desinteressiert:** Ihr Gegenüber senkt seinen Blick oder erwidert nicht Ihre Augen-Kommunikation
- **ignorierend oder provozierend:** der Blick wird häufig zur Decke gerichtet oder zum Boden gesenkt, schnelle Augenbewegungen, hochgezogene oder zusammengezogene Augenbrauen, deutliches Wegsehen
- **abschätzende Distanz:** schräger Blick
- **verunsichert:** häufiges Blinzeln oder zu lang geschlossene Augenlider

Mit Ihrem Blick laden Sie zu einem Gespräch ein. Achten Sie im Team auf den Blick in die Runde und fokussieren Sie immer wieder Ihre Mitarbeiter. Achten Sie besonders darauf, niemanden zu vergessen oder Einzelnen zu viel Aufmerksamkeit zu schenken. In unsicheren Situationen tendieren wir dazu, unseren Blick bei lächelnden Personen verweilen zu lassen. Hier erhalten wir nonverbales, positives Feedback. Lassen Sie sich nicht einfangen, sondern achten Sie auf möglichst gleiche Zeitanteile beim Blickkontakt.

Stimme – Ihr Instrument

Mit Ihrer Stimme erzeugen und präsentieren Sie Emotionen. Ein Flüstern ruft andere Gefühle hervor als ein lauter, barscher Ton. Angenehm wird eine kraftvolle Stimme empfunden, die am Satzende einen Punkt setzt, das bedeutet: Sie gehen mit Ihrer Stimme herunter. Ein Heraufgehen signalisiert ein Fragezeichen. Gewinnen Sie an Aussagekraft, indem Sie in Ihrer Kommunikation bewusst Punkte setzten und keine Fragezeichen im Raum lassen. Betonen Sie mit Ihrer Stimme das Satzende. Das signalisiert Entschlossenheit und Klarheit. Sie können dieses Senken der Stimme am Ende des Satzes im Radio gut hören, wenn Sie Nachrichten hören. Die Sprecher setzen hier deutliche Punkte.

Hören Sie Ihre eigene Stimme gerne auf dem Anrufbeantworter: Ja? Okay. – Sie können hier überspringen. Nein? – Jetzt heißt es trainieren!

Checkliste: Meine Stimme – mein Instrument

Ohne Feedback geht gar nichts

- Fragen Sie Freunde, Kollegen und Familie, ob Ihre Stimme den jeweiligen Situationen angepasst ist; leise, laut, authentisch, fordernd, fragend …
- Wie wird Ihr Klang empfunden, welche Emotionen löst eventuell Ihr Dialekt aus?
- Zeichnen Sie Ihre Stimme auf, mit einem Handy ist das schnell und unkompliziert. Spielen Sie mit Ihrer Stimmlage und verändern Sie diese, indem Sie laut/leise, höher/tiefer, zögerlich/vehement sprechen. Welche Stimmlage hört sich für Sie am angenehmsten an, wie fühlen Sie sich authentisch? Lassen Sie sich wieder Feedback geben.
- Nehmen Sie sich vor, ein Mal in der Woche einen Zeitungsartikel oder eine Buchseite betont laut und deutlich vorzulesen. Bauen Sie Ihre Emotionen ein.
- Lesen Sie das Schriftstück zum Beispiel witzig, ärgerlich, zufrieden, gelangweilt...
- Achten Sie auf Ihre Atmung, halten Sie nicht die Luft an, sondern atmen Sie tief und bewusst ein. Ihr Sprechtempo verlangsamen Sie so. Schnelles Sprechen wird eher als hektisch und stressig empfunden als als souverän und gelassen.

Und wie so oft – Übung macht den Meister. Planen Sie in Ihren Führungsalltag fünf bis zehn Minuten ein. In dieser Zeit achten Sie deutlich auf Ihr SBS und trainieren bewusst eines dieser Elemente. Wichtig ist: Mini-Trainingseinheiten pro Tag, dann gewinnen Sie an Sicherheit und Sie stärken Ihre Führungspersönlichkeit kontinuierlich.

Essenzielle Führungseigenschaft: Schwächen akzeptieren

Eine kleine Aufgabe für Sie: Sitzen Sie entspannt, nehmen Sie sich Schreibzeug zur Hand oder erstellen Sie die Stoffsammlung im PC.

Checkliste: Gelebte Perfektion – keine Fehler

- Welche zehn Eigenschaften braucht es in Ihren Augen, um als perfekte Führungskraft zu gelten? Notieren Sie diese Eigenschaften.
- Wer ist für Sie eine perfekte Führungskraft – ganz konkret? Notieren Sie diesen Namen.
- Welche Eigenschaften besitzt in Ihren Augen diese perfekte Führungskraft? Bitte notieren Sie diese Qualitäten.
- Wie viele perfekte Führungskräfte kennen Sie persönlich – ganz konkret? Notieren Sie deren Namen.
- Wann ist Ihnen in den letzten zwölf Monaten die perfekte Führungskraft begegnet – ganz konkret? Notieren Sie die Namen.
- Wie viele Namen stehen nun auf Ihrem Notizblatt?
- Und nun kontrollieren Sie bitte noch einmal die Eigenschaften und schauen, welche der genannten Führungskräfte alle erfüllt.
- Welche der zehn Eigenschaften der ersten Frage treffen auf Sie zu?

Sie sollten als Führungskraft neben Ihren Stärken auch Ihre Schwächen kennen und in der Lage sein, damit umzugehen.

In unserer vierzigjährigen Beratererfahrung lernten wir Top-Führungskräfte kennen, die noch immer nicht perfekt sind. Wieso? Auch Vorständen von DAX-Unternehmen und Geschäftsführern von großen Unternehmen unterlaufen Fehler. Sind diese Manager mutig und stark, stehen sie offen zu ihren Schwächen. Wahr ist: Kein Mensch ist perfekt. Blender, die vorgeben, nur aus Stärken zu bestehen, werden von ihrer Umwelt schnell enttarnt und eher belächelt als bewundert.

Stehen Sie zu Ihren Fehlern und Unzulänglichkeiten. Sie gewinnen so den Respekt Ihrer Mitarbeiter. Ist Ihnen ein Fehler unterlaufen, entschuldigen Sie sich und kehren Sie ihn nicht unter den Teppich. Schlimmer wäre noch, die eigene Unzulänglichkeit auf andere zu schieben.

Germany's next Führungskraft – Nein danke!
Sie sind keine Maschine, kein Roboter! Stehen Sie zu Ihren Schwächen und Macken, das macht Sie sympathisch. Versuchen Sie nicht die eierlegende Wollmilchsau zu sein, sondern zeigen Sie sich als Führungskraft mit Gefühl und Verstand.

TIPP

Halt! Das funktioniert nicht, könnte Ihnen jetzt durch den Kopf sausen. Es wird Kollegen und auch Mitarbeiter geben, die Ihnen gegenüber missgünstig gestimmt sind. Soll das ein Grund sein, im Führungsalltag misstrauisch zu agieren? Als Berater und Trainer beziehen wir deutlich Position und meinen: Nein! Es gibt immer wieder Personen, die für Sie eine Herausforderung darstellen, Ihnen vielleicht sogar schlaflose Nächte bereiten. Deshalb brauchen Sie nicht als Pessimist oder Misanthrop Ihren Arbeitstag durchleben. Führungspersönlichkeit entwickeln Sie, indem Sie diese Schattenseiten von sich kennen und offen damit umgehen.

Empathie, Fairness, Aufrichtigkeit, Selbstsicherheit, Entscheidungs-freudigkeit, Verantwortungsbewusstsein, die Fähigkeit, andere zu überzeugen und zu motivieren, zu Fehlern stehen, wertschätzender Umgang mit den Mitarbeitern und Authentizität sind Eigenschaften als Führungspersönlichkeit, die Sie tagtäglich aufs Neue trainieren, entwickeln und ausbauen.

Mein Trainingsplan: In den ersten hundert Tagen gilt es für Sie, kleine Schritte als Führungskraft zu gehen. Prüfen Sie Ihre Persönlichkeitsqualitäten. Beantworten Sie die Fragen mit ja oder nein.

	ja	nein
Grundsätzlich bin ich verantwortungsbewusst.	❏	❏
Verantwortung übernehme ich gerne.	❏	❏
Meine Mitmenschen kann ich gut einschätzen.	❏	❏
Mir wird oft gesagt, dass ich mit Menschen gut umgehen kann.	❏	❏
Konflikte belasten mich nicht extrem.	❏	❏
Aufgaben gebe ich ab, delegieren fällt mir leicht.	❏	❏
In Stress- und Krisensituationen bewahre ich cie Ruhe.	❏	❏
Meine kontinuierliche Fort- und Weiterbildung ist mir wichtig.	❏	❏
Mein Arbeitsumfeld schätzt meine Meinung.	❏	❏
Um Rat und Hilfe werde ich häufig gebeten.	❏	❏
Ich schätze mich als entscheidungsfreudig ein.	❏	❏

Ziele lege ich klar fest und verfolge sie zielstrebig.	❑	❑
Ich besitze Einfühlungsvermögen und kann mich gut in die Lage meiner Mitmenschen hineindenken.	❑	❑
Komplexe Sachverhalte kann ich leicht verständlich darstellen.	❑	❑
Es bereitet mir Freude, mit meinen Mitmenschen aktiv in Kontakt zu gehen.	❑	❑

Nun konzentrieren Sie sich auf eine Frage, die Sie mit Nein beantwortet haben. Suchen Sie sich die aus, bei der Sie die kleinste Hürde für eine Veränderung sehen. Nehmen Sie sich pro Nein-Frage mindestens eine Woche Zeit, um sie konkreter zu analysieren. Nun startet die Selbst-Beobachtungsphase mit dem Fokus auf vier Fragen:

• Wo begegnet mir dieses Verhalten?
• Wie reagiere ich intuitiv?
• Was könnte ich anders machen?
• Welches wäre der erste kleine Schritt in Richtung Veränderung?

In Ihrer zweiten Woche legen Sie Ihr Augenmerk auf das Beantworten der Fragen drei und vier. Erst in der dritten Woche (nun sind Sie schon zehn Tage Führungskraft und zehn Prozent Ihrer Zeit ist um) gehen Sie Ihre Herausforderung aktiv an und versuchen ein anderes Verhalten in Ihre Aktionsmuster zu integrieren. Wichtig ist: Diese Umsetzungsphase beansprucht mindestens drei Wochen. Rechnerisch können Sie also in Ihren ersten hundert Tagen an zwei Nein-Fragen effektiv arbeiten. Der Erfolgsmesser ist hier wieder die Reflexion von außen: Holen Sie sich aktiv Feedback ein.

TIPP Die 3 × 10-Trainingsmethode: Mit dieser Methode stärken Sie Ihre Selbstmotivation.

- Diese Auswirkungen wird mein verändertes Verhalten in zehn Tagen haben …
- Diese Auswirkungen hat es in zehn Monaten …
- Das hat sich in zehn Jahren geändert …

Mit diesem Verfahren können Sie Ihren inneren Schweinehund überwinden. Dieser bellt und grunzt besonders dann laut, wenn wir alte Gewohnheiten und Zöpfe abschneiden wollen. Sie können Ihr Verhalten nur verändern, wenn Sie jetzt beginnen und konsequent an Ihrem Vorsatz arbeiten.

Von der Führungskraft zur Führungspersönlichkeit

Investieren Sie Zeit, Kraft und Energie in Ihre individuelle Entwicklung. Holen Sie sich aus unterschiedlichsten Welten Anregungen und Impulse dafür:

- Etablieren Sie Ihre Feedbackkultur in allen Hierarchieebenen und zu den Kunden.
- Aktivieren Sie Ihren Freundes- und Familienkreis, Ihnen Rückmeldung zu geben.
- Nehmen Sie sich Zeit für Ihre Selbstreflexion.

Persönlichkeitsentwicklung ist ein lebenslanger Prozess. Die Währung ist in erster Linie Zeit. Sie werden nur dann Ihre Führungspersönlichkeit entwickeln, wenn Sie bereit sind Zeit zu investieren.

Sie entwickeln sich von der Führungskraft zur Führungspersönlichkeit, wenn Sie eine positive Führungskultur vorleben. Gehen Sie offen und möglichst vorurteilsfrei auf Ihre Mitarbeiter zu. Akzeptieren Sie Ihre Unzulänglichkeiten und gestehen Sie Fehler ein. Schaffen Sie eine wertschätzende Arbeitsatmosphäre, die geprägt ist durch Ihren Führungswillen und Ihre authentische Kommunikation auf Augenhöhe.

Vertiefungsliteratur zum Kapitel II

Molcho, Samy (2005): Körpersprache des Erfolgs. Ariston Verlag, München.

Weiss, Halko et al. (2012): Das Achtsamkeitsbuch. Klett-Cotta, Stuttgart.

Holmes, Tom; Lauri Holmes (2013): Reisen in die Innenwelt. Systemisch Arbeiten mit Persönlichkeitsanteilen. Kösel Verlag, München.

Hansch, Dieter (2009): Erfolgsprinzip Persönlichkeit. Springer Verlag, Heidelberg.

Schritt für Schritt
Sicherheit, Gelassenheit
und Souveränität
gewinnen

»Wer sichere Schritte gehen will, muss sie langsam tun.«

Johann Wolfgang von Goethe

Sie sind neu in Ihrer Führungsrolle – der Gefühlscocktail kann aus unterschiedlichen Zutaten gemixt sein: Freude und Stolz auf die persönliche Leistung, aber auch Respekt oder Angst vor der bevorstehenden Aufgabe. So zu empfinden liegt vollkommen im Normbereich!

Positiver Stress schüttet mannigfaltige Hormone aus, die dazu führen, dass Sie Ihre ersten hundert Tage als Führungskraft mit einem hohen Energielevel bewältigen. Sie fühlen sich wahrscheinlich gestärkt und nicht ausgepowert. Das Spannungsfeld der unterschiedlichen Erwartungen Ihrer Mitarbeiter, Kollegen, Kunden und der Geschäftsführung kennenzulernen ist für Ihre Erfolgsstrategie wichtig. Nur wenn Sie wissen, was von Ihnen erwartet wird, können Sie sicher und souverän agieren.

Wichtig dabei ist: Geschwindigkeitsreduktion steigert Ihren langfristigen Erfolg.

Beispiel: Übung macht den Meister

Können Sie sich daran erinnern, als Sie gerade Fahranfänger und stolzer Besitzer des Führerscheins waren? Das Autofahren erforderte zum Start Ihrer Autofahrer-Karriere hohe Konzentration. Gefragt war ganz aufmerksam zu sein: Seitenspiegel einstellen, Handbremse lösen, Anschnallen, Zündschlüssel umdrehen und und und.
Wie gelassen steigen Sie jetzt ins Auto und fahren los? Unterhalten sich dabei, stellen den Radiosender ein und fahren so ganz nebenbei Auto. Als Sie Ihre Fahrerlaubnis erhielten, waren Sie noch kein Spezialist. Erst das aktive Fahren und intensive Üben hat Sie zum Spezialisten werden lassen.

Trainieren Sie als neue Führungskraft gelassen zu sein. Stellen Sie Ihren individuellen Erwartungsdruck auf ein möglichst niedriges Level ein.

3.1 Phasenmodell für die ersten hundert Tage

Erstellen Sie für Ihre ersten hundert Tage einen individuellen Trainingsplan. Beachten Sie dabei: es gibt Rückschritte und Unplanbares. Passen Sie Ihren Trainingsplan immer wieder an und bleiben Sie flexibel:

Bauen Sie Pufferzeiten in Ihren Trainingsplan ein. So können Sie auf unplanbare Situationen ruhig reagieren, ohne gleich unter Zeitdruck zu kommen. Beachten Sie die 60:20:20-Regel.

TIPP

- **60 Prozent für Ihre Aufgaben,**
- **20 Prozent für unerwartete Unterbrechungen, Störungen, Zeitdiebe und**
- **20 Prozent für Networking und Socialising.**

Als Führungskraft gilt es, flexibel und offen zu agieren, sich schnell und unkonventionell auf neue, unvorhersehbare Situationen einzustellen. Diese Kompetenz wird täglich von Ihnen gefordert. Zum Beispiel im Alltag, wenn Sie jeden Morgen aus dem Fenster schauen und prüfen, wie das Wetter ist. Hier passen Sie automatisch Ihre Kleidung an Regen, Sonnenschein, Schnee etc. an.

Ihr individueller Einarbeitungsplan ist in vier Phasen eingeteilt. Jede Phase steht unter einem besonderen Thema.

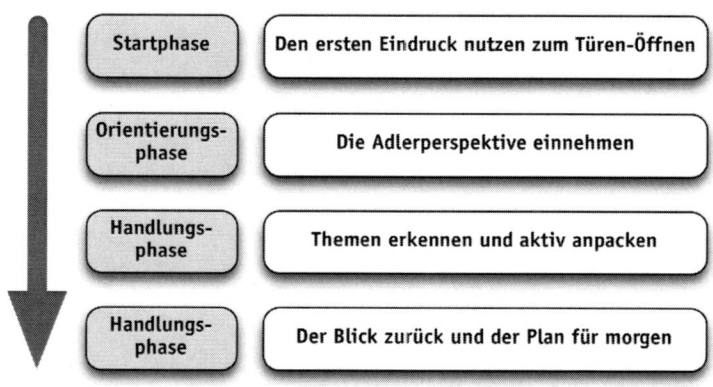

Abbildung 7: Einarbeitungsplan

Zeittreppe

Beachten Sie die persönlichen Schritte bei Ihrer individuellen Zeittreppe. Ihre Zeittreppe bietet Ihnen Basis und Struktur für Ihren individuellen Einarbeitungsplan.

Eine Stufe zurückzugehen bedeutet keinen Rückschritt, sondern Innehalten, Prüfen der Struktur, um aktiv die weiteren Stufen zu meistern. Bauen Sie Kommunikations- und Feedbackstufen ein für die kurzfristige Analyse Ihrer Führungssituation. Achten Sie auf Ihre 100-Tage-Frist. So können Sie nach dieser Zeitschiene den Prozess reviewen und Ihrem Bedarf anpassen oder korrigieren.

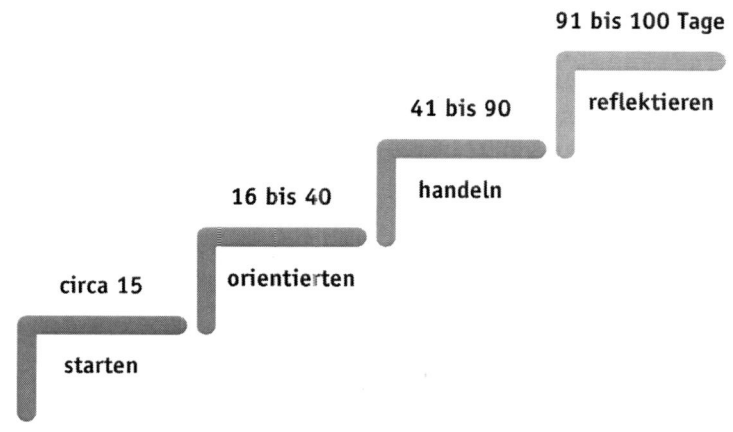

91 bis 100 Tage

41 bis 90   reflektieren

16 bis 40   handeln

circa 15   orientieren

starten

Abbildung 8: 100-Tage-Zeittreppe

Realistische Zielplanung

Bevor Sie aktiv werden, definieren Sie Ihre Ziele klar. Passen Sie die Unternehmensziele und die Ihres Vorgesetzten auf Ihre ersten hundert Tage an. Nur mit einem deutlichen Ziel vor Augen können Sie handlungsaktiv bleiben.

Beispiel: Hoch hinaus – klein starten

Daniel Reising erhält die Ergebnisse des jährlichen Check Up von seinem Arzt. Deutlich wird anhand der Laborwerte und des EKGs, dass Herr Reising ungesund lebt. Der Arzt empfiehlt ihm Bewegung, vielleicht mit Joggen oder Walken zu beginnen und seine Ernährung umzustellen.

Stellen Sie sich vor, der Arzt empfiehlt Herrn Reising, in hundert Tagen am Berlin-Marathon teilzunehmen. Verständlicherweise löst dieser medizinische Rat nur Kopfschütteln aus. Wieso wird oft von neuen Führungskräften erwartet innerhalb kürzester Zeit deutliche Erfolge vorzuweisen? Wieso setzen sich neue Führungskräfte selbst unter den Druck und Stress, in Windeseile alles perfekt im Griff zu haben? Seien Sie realistisch! Wollen Sie tatsächlich einen Marathon laufen? Dann ist der erste Schritt, in das Sportfachgeschäft zu gehen, zum Kauf von guten Laufschuhen und atmungsaktiver Sportkleidung. Als Nächstes folgt dann der detaillierte Trainingsplan und das konsequente Trainieren. Gehen Sie genauso vor, wenn Sie Ihre ersten hundert Tage planen. Setzen Sie sich realistische Ziele und keine unerreichbaren.

Meine persönliche Ziel-Checkliste

Erstellen Sie Ihre individuelle Checkliste und prüfen Sie diese kontinuierlich. Legen Sie Ihren Fokus auf Ihre Stärken. In hundert Tagen ist nicht genügend Zeit, um Schwächen auszumerzen. Wie bei so vielem sind Prioritäten unerlässlich! Ob Ihre Top-Priorität ist, alle Kunden kennenzulernen oder mit den Mitarbeitern ein vertrauensvolles Arbeitsverhältnis aufzubauen, liegt in Ihrem Ermessen. Klären Sie die Prioritäten für Ihren Führungsstart mit Ihrem eigenen Chef. Achten Sie auf den Konkretisierungsgrad Ihrer Ziele. Fixieren Sie Ihre Ziele schriftlich, dadurch können Sie sie leichter kontrollieren. Es ist hilfreicher, die Ziele deutlich aufzuschreiben, als sie nur im Kopf zu formulieren. Durch die Niederschrift konzentrieren Sie sich auf wesentliche Zielaussagen und verinnerlichen diese besser. Menschen, die ihre Ziele aufschreiben, sind erfolgreicher als Menschen, die sie nur gedanklich formulieren.

Beispiel: Kommunikation mit der 2-K-Formel

»Von Ihnen erwarte ich in etwa acht bis zwölf Präsentationstermine mit Neukunden in nächster Zeit. Mit Ihrem Erfahrungsschatz schaffen Sie das spielend. Nicht umsonst sind Sie ja jetzt der Abteilungsleiter der Vertriebsmannschaft«, mit diesen Worten beendet Dr. Reihle das Meeting mit Herrn Reising.

Dr. Reihles Aussagen sind ungenau und schwammig. Herr Reising sollte als neuer Abteilungsleiter deutliche Aussagen einfordern. Die 2-K-Formel ist hierbei hilfreich: klar und konkret!

Wer fragt, der führt!

TIPP

Stellen Sie Fragen! So erhalten Sie eine Vielfalt an Informationen und können Ihre Wissenslücken auffüllen. Daniel Reising lockt seinen Chef aus der Reserve, indem er seine Fragen klar und konkret formuliert: Wie schaut es aus, wenn sechs Termine vereinbart werden? Was verstehen Sie unter ›in nächster Zeit‹? Gibt es Erfahrungswerte, in welchem Zeitraum zwölf Präsentationstermine bisher umsetzbar waren?

Bevor Sie Ihre Ziele-Checkliste ausfüllen, beantworten Sie bitte folgende Fragen:	
Was ist das konkrete Ziel? Was sind die konkreten Ziele?	
Wie können die Ziele umgesetzt werden?	
Welcher Nutzen und Erfolg wird durch die Zielerreichung realisiert?	
Welche Stolpersteine können auftreten?	

Ziele	Das gibt es zu tun	Diese Personen unterstützen	Erledigungstermin
1.			
2.			
3.			

Feiern Sie Ihre erreichten Ziele

Sie haben ein gesetztes Ziel erreicht? Dies gilt es zu feiern. Genießen Sie solche Augenblicke ruhig! Oft wird gleich weitergerannt, ohne sich bewusst zu sein, was gerade geschafft worden ist. Sie können sich mit kleinen Dingen feiern: Vielleicht belohnen Sie sich mit einem guten Essen, einer CD oder einem Konzertbesuch. Hier sollten Sie es sich einfach gut gehen lassen.

3.2 Startphase – Mit einem positiven ersten Eindruck Türen öffnen

Diese Phase ist Ihr erster Schritt auf Ihrer Zeittreppe. Er startet unmittelbar, wenn Sie Ihre neue Position als Führungskraft einnehmen.

TIPP

In der Startphase lernen Sie vorrangig Ihr neues Umfeld kennen. Stürzen Sie sich mit all Ihrem Elan und all Ihrer Kraft in den direkten Kontakt mit Ihren neuen Mitarbeitern und verwenden Sie nur die notwendigste Zeit für Sachthemen.

Erfolgreiche Führungsarbeit ist vor allem Beziehungsarbeit! Nur mit funktionierenden Beziehungen zu Ihren Mitarbeitern schaffen Sie ein motivierendes Umfeld. Oft wird in der ersten Phase vergessen, dass die neue Führungskraft bereits virtuell im Unternehmen angekommen ist, ohne physisch anwesend zu sein. Das bedeutet: Ab dem Zeitpunkt, an dem Ihr Kommen kommuniziert wird, sind Sie in der Firma. In diesem Zeitfenster leben Teammitglieder ihr detektivisches Geschick aus. Über soziale Netzwerke wie zum Beispiel XING und Facebook holen sie Informationen zu ihrem neuen Vorgesetzten ein, um sich ein erstes Bild zu machen. Seien Sie sich dessen bewusst. Beachten Sie, wie Ihr digitaler Fingerabdruck wirkt und was er auslöst. Urlaubsbilder in der Badehose oder im Bikini sind interessant für einen kleinen Freundeskreis, jedoch unpassend für Außenstehende, neue Kollegen und Vorgesetzte.

Beispiel: Aller Anfang ist schwer ...

Als neue Teamleiterin startet Miriam Andreas ihren ersten Arbeitstag bei einem renommierten Autohersteller. Als Volljuristin ist sie im Bereich Unternehmensstrategie tätig. Der Abteilungsleiter stellt sie kurz dem Team vor, das aus acht Personen besteht. Begeistert verweist er auf ihren überdurchschnittlichen Universitätsabschluss, ihre Auslandsaufenthalte und ihre Sprachkenntnisse. Dann lässt er Frau Andreas mit ihrem Team alleine mit dem saloppen Hinweis: »Sie werden das Team schon wieder aufs Gleis setzen.«

Was empfehlen Sie, wie soll Miriam Andreas mit dieser Steilvorlage umgehen? Zwischen drei Strategien kann Frau Andreas wählen:

Änderungsstrategie = in Aktion gehen und proaktiv handeln,

Distanzstrategie = die Situation unkommentiert lassen oder

Rückzugsstrategie = den Erstkontakt schnell beenden.

Egal welche Strategie Sie bevorzugen, richten Sie Ihr Handeln beherzt danach aus.

> **Wie könnte Ihr Verhalten aussehen, wenn Sie sich für eine der drei Strategien entscheiden?** In der Tabelle finden Sie Analysefragen, die Ihnen helfen Ihre Handlungsoptionen zu reflektieren.

Änderungsstrategie	Distanzstrategie	Rückzugsstrategie
Welche Möglichkeiten habe ich, etwas zu ändern? Wenn ja, was genau möchte ich ändern? Wie genau gehe ich dazu vor? Wann habe ich eine ähnliche Situation erlebte und welches Handeln war erfolgreich?	Wofür könnte die Situation positiv sein? Welche guten Seiten hat die Situation? Welche Unterstützung sollte ich bekommen? Wie kann ich lernen, die Situation gelassener zu nehmen?	Will ich mich aus der Sache herausziehen? Wie kann ich dafür sorgen, nicht in eine solche Situation zu gelangen? Was sind meine Risiken, wenn ich die Situation verlasse, gibt es Möglichkeiten, die Risiken zu vermeiden oder abzufedern?

Empfehlenswert für Frau Andreas wäre, sich für die Änderungsstrategie zu entscheiden.

Beispiel: Stolpersteine – na und!

Nachdem der Vorgesetzte von Frau Andreas den Besprechungsraum verlassen hat, schnauft sie tief durch und wendet sich an ihr neues Team, das sie verblüfft ansieht: »Es freut mich sehr, dass wir ab heute zusammenarbeiten. Blicke ich so in die Runde, sehe ich, dass hier ganz viel Erfahrung sitzt. Zähle ich Ihre Kompetenzjahre zusammen, wären dies bei acht Personen mit zehn bis zwanzig Jahren Berufserfahrung um die achtzig bis hundertsechzig Jahre Erfahrung. Ganz ehrlich, ich kann fünf Jahre vorweisen. Hier sind Sie mir einen großen Wissensvorsprung voraus, da brauche ich Ihre Hilfe und baue auf Ihre Unterstützung ...«

Sind Sie eine eher introvertierte Führungspersönlichkeit, könnte es sein, dass Spontanität und extravertiertes Verhalten Ihnen eher schwer fallen. Dies stellt kein Problem dar! Andere Lösungsmuster sind möglich und führen auch zum Erfolg.

Beispiel: In der Ruhe liegt die Kraft

Der Vorgesetzte verlässt den Raum und lässt eine perplexe Frau Andreas zurück. Frau Andreas blickt in die Runde: »Meine Damen und Herren, gerne will ich Sie persönlich kennenlernen. Dazu brauchen wir Zeit, damit wir gemeinsam die Aufgaben bewältigen können. Morgen um 10.00 Uhr ist unsere erste Teamsitzung. In dieser Runde beantworte ich gerne Ihre Fragen.«

Das zweite Beispiel lässt die Mitarbeiter mit Fragezeichen zurück und die Türe ist offen für Spekulationen. Übereiltes Handeln aus Unsicherheit ist kontraproduktiv. Für den nächsten Tag können Sie sich mit dieser Rückzugsstrategie detaillierter überlegen, wie Sie sich Ihrem Team vorstellen wollen.

Ihre persönliche Antrittsrede

Bereiten Sie Ihre persönliche Antrittsrede genau vor. Sie geben Ihren neuen Mitarbeitern einen Einblick, wie Sie ticken und welche Erwartungen auf sie zukommen. Ziel der persönlichen Präsentation ist: die Mitarbeiter lernen Sie kennen! Durch Ihre individuelle Vorstellung gestalten Sie die Startbedingungen für die weitere Zusammenarbeit. Aufgeregt zu sein bei dieser Ansprache ist selbstverständlich, da alle Blicke auf Sie gerichtet sind. Sie stehen im direkten Fokus des gesamten Teams. Gut lässt sich dies mit dem Stehen unter einem Brennglas vergleichen, warm wird's auf alle Fälle. Als zeitlichen Rahmen sollte die

Ansprache an die Mitarbeitern zwischen fünf Minuten bis höchstens 15 Minuten dauern. Präsentieren Sie sich kurz, knapp und prägnant. So vermeiden Sie einen klassischen Fehler von Führungskräften. Häufig beschweren sich Mitarbeiter über ihre Chefs, weil diese nicht zuhören können und sich am liebsten selber reden hören. Dieses Phänomen des Linguiste dauerquatscherus erhöht sich mit der Hierarchiestufe. Ursächlich dafür sind zwei Gründe. Erstens, es gibt immer weniger Mitarbeiter, die dem Vorgesetzten klares Feedback vermitteln, zweitens, der Linguiste dauerquatscherus übersieht die feinen nonverbalen Signale seines Gegenübers und lässt einen Wortschwall auf ihn herab.

Elemente einer Antrittsrede: Mit dem Zielkreuz können Sie Ihre Antrittsrede vorbereiten.

Person	**Umfeld**
• professionell	• Unternehmen
• persönlich	• Markt
• privat	• Finanzen
Zusammenarbeit	**Fettnäpfchen**
• zwischenmenschlich	• Überheblichkeit
• wertschätzend	• Arroganz
• vertauensvoll	• Kritik

Abbildung 9: Personen-/beziehungs- oder sach-/aufgabenorientierte Präsentation

Personen-/beziehungs- oder sach-/aufgabenorientierte Präsentation – das ist hier die Frage

Was bevorzugen Sie in Ihrer Arbeit – Zahlen, Daten, Fakten oder sozialen Kontakt, Verständnis, Anerkennung? Hier gibt es, wie in so vielem, nicht nur die eine, richtige Lösung. Zielführend für Ihren Führungsstil ist Ihre Authentizität. Authentisch sind Sie, wenn Sie so denken, handeln und kommunizieren, wie es Ihrer Überzeugung entspricht. Sind Sie ein eher rationaler, nüchterner Mensch, wirkt es wie ein Schauspiel, wenn Sie versuchen in Ihrer Präsentation bewusst die Gefühlsebene anzusprechen. Gestalten Sie Ihre individuelle Antrittsrede, stehen Sie zu sich und versuchen Sie sich so natürlich zu geben wie nur möglich.

In den Zielkreuzen finden Sie Merkmale der unterschiedlichen Antrittsreden. Kreieren Sie Ihre individuelle, nur so kann sie authentisch sein. Die personen-/beziehungsorientierte Antrittsrede ist gekennzeichnet von gefühlsorientierter Kommunikation. Im Gegensatz zur sach-/aufgabenorientierten. Hier bestimmt eher Nüchternheit den Vortrag mit zum Beispiel wenig bis kaum Superlativen. Als Führungskraft in den ersten hundert Tagen sind Sie in Ihrer Position erstmals alleinig auf sich gestellt. Es gilt die Balance zwischen übertriebenem/freundlichem und dominantem/distanziertem Verhalten zu finden.

Person	Umfeld
• Name	• erfolgreiche Projekte
• kurzer beruflicher Lebenslauf	• kurze Markt- und Kundenanalyse
• Privates, Kinder, Hobbys	• Produktdarstellung
	• Umgang
Zusammenarbeit	**Fettnäpfchen**
• partnerschaftlich	• Vorgängerkritik
• offene Tür zu jeder Zeit	• Versprechungen
• Meetingkultur	• Veränderungs- ankündigungen
	• Drohszenarien

Abbildung 10: Personen-/beziehungsorientierte Antrittsrede

Person	Umfeld
• Name	• Marktdarstellung
• kurzer beruflicher Lebenslauf	• Kundenprofile
• Erfolge, Erfahrungen	• Ziele durch Zahlen verdeutlichen
Zusammenarbeit	**Fettnäpfchen**
• Leistung als Ansporn	• Vorgängerkritik
• Koordinationsfunktion	• Versprechungen
• Arbeitsanweisungen	• Veränderungs- ankündigungen

Abbildung 11: Aufgaben-/sachorientierte Antrittsrede

Beispiel: Teamspirit

Aylin Chemet teilt nach Ihrer Antrittsrede an das Team kleine Stoffgeister aus, die als Symbol für den Teamspirit stehen und jeder Mitarbeiter auf seinem Arbeitsplatz platzieren soll.

Zu Beginn seiner persönlichen Vorstellung weist Stefan Schömer auf die von ihm mitgebrachten süßen Teile hin mit der humoristisch gemeinten Anmerkung, dass er damit nicht das Team bestechen will.

Beide Situationen kommen aus unserer Beratungspraxis. Was die einen Teammitglieder als anbiedernd empfanden, löste in den anderen Freude aus. Solch kleine Aufmerksamkeiten werden je nach Typ unterschiedlich empfunden. Symbole, Kuscheltiere etc. wirken naiver als die Einladung zum gemeinsamen Pausensnack.

Sie sind als neue Führungskraft in der Hierarchieebene im unteren bis mittleren Segment? Halten Sie sich hier eher zurück, wenn Sie neue Themen anstoßen wollen. Stolpern Sie in keinen Aktionismus, sondern nutzen Sie die Phase, um Ihr Wissen auszubauen und Informationen zu sammeln.

Schaffen Sie Gemeinsamkeit – Nutzen Sie den Sympathie-Effekt

»Man kann manchmal allen Leuten gefallen – einigen Leuten kann man immer gefallen, aber man kann niemals allen Leuten jederzeit gefallen!«

Abraham Lincoln

Als Führungskraft sollten Sie schnell den Wunsch aufgeben, von allen gemocht zu werden. Als Führungskraft respektiert zu werden ist hingegen förderlich. Woher unser Bedürfnis kommt, gemocht und geliebt zu werden, kann an dieser Stelle nicht ausreichend reflektiert werden. Wichtiger für Sie ist, Ihre ersten hundert Tage mit offenen Ohren, offenen Augen und aktivem Zugehen auf Ihre Mitarbeiter zu starten. Seien Sie neugierig und finden Sie heraus, wie Ihre Mitarbeiter ticken. Ein Schlüssel hierfür ist der Sympathie-Effekt. Sie schaffen es, Sympathie auszulösen, wenn Sie Gemeinsamkeiten zu Ihren Mitarbeitern entdecken. Gemeinsame Herkunft, ähnliche Hobbys oder Begeisterung für Sportarten können Sie gut in Ihre Antrittsrede einbauen.

Die erste Stufe ist überwunden und die Türe zu Ihrem Team ist geöffnet. Nun geht's im Sauseschritt weiter zur nächsten Phase.

3.3 Orientierungsphase – Die Adlerperspektive einnehmen

Souverän haben Sie die Startphase gelöst. Nun steht der zweiter Schritt auf der Zeittreppe bevor. Mit ihm beginnt Ihre Orientierungsphase.

Die Wunder der Technik bieten alle möglichen Instrumente an, um zielgenau den Weg zu finden. Waren es früher die Sterne und der Sextant für die Seefahrer, sind es heute GPS, Live-Tracking und andere Spielgeräte für die Wegfindung im Straßendschungel. Google Maps bietet die Möglichkeit, immer zu wissen, wo man sich gerade befindet und wie man an den Ort X gelangt, egal ob mit Auto, öffentlichen Verkehrsmitteln oder zu Fuß. Ihr Instrument für die Orientierungsphase ist Ihr innerer Kompass, genährt durch all die Erfahrungen und Erlebnisse, die Sie bis heute sammelten. Selten verlaufen Lebenswege geradlinig wie das Straßensystem in New York. Rückblickend fällt erst auf, wie viele Kurven und auch Berge überwunden wurden. Jetzt stehen Sie an dem Startpunkt Ihres Führungsweges. Packen Sie Ihr Wissen aus und garnieren Sie es mit Informationen. So können Sie in die Orientierungsphase starten.

Die Adlerperspektive ermöglicht Ihnen den Blick von oben. So können Sie die Unebenheiten leichter erkennen und Ihr Handeln zielorientiert ausrichten. Ihre Wahrnehmung prägt die Adlerperspektive. Wahrnehmung ist immer subjektiv. Versuchen Sie eine möglichst hohe objektive Subjektivität zu erreichen. Sie sollten die Orientierungsphase wie ein Puzzle betrachten. Holen Sie sich Feedback von Ihrem Vorgesetzten, Kollegen aus der gleichen Ebene und Informationen von Ihren Mitarbeitern. Hilfreich ist ebenso die Außenperspektive. Eine Person, die nicht in Ihrer Firma tätig ist und mit Distanz auf die Geschehnisse blickt.

Die Orientierungsphase dient dazu, sich einen Überblick zu verschaffen. Sehen Sie sich bewusst um und eignen Sie sich grundlegendes Wissen an. So können Sie mit der Zeit auch unübersichtliche Situationen entwirren und bleiben in der Handlungsfähigkeit.

TIPP

Stellen Sie sich Ihre Orientierungsphase vor wie die Urlaubsplanung. Sie wissen schon, über wie viele Urlaubstage Sie verfügen und was Ihr Ziel ist. Jedoch sind Sie über An- und Abreise, Übernachtung, Ausflüge etc. noch im Minusinformationsbereich. Fokussieren Sie sich auf Ihre Ziele, so können Sie zielorientiert einen Leitfaden entwickeln.

Beispiel: Infoquelle – Kundengespräch, alles läuft rund

Nun ist Fabian Sanner schon sieben Tage in der neuen Position als Junior Vertriebsleiter eines fünfköpfigen Teams. Als Neuling im Unternehmen nutzt er die Chance und begleitet seine Mitarbeiter bei Kundengesprächen. Vorab klärt Herr Sanner seine Rolle mit dem Mitarbeiter und überlässt ihm die Gesprächsführung. Beim Nachbesprechen des Kundentermins werden alle offenen Fragen behandelt und geklärt.

Das Verhalten von Fabian Sanner ist vorbildlich. Er kokettiert nicht mit seiner Position als neuer Vorgesetzter, sondern lässt seinem Mitarbeiter viel Raum und Platz zum Agieren. So signalisiert er ihm Vertrauen. Sicher ist: Der Mitarbeiter wird seine Kollegen über den Verlauf des Kundengesprächs informieren und positiv darüber berichten. So stellt die Begleitung von Fabian Sanner bei den Kundenterminen keine Bedrohung dar, sondern dient zum Kennenlernen sowohl des Kundenstamms als auch der Mitarbeiter.

Beispiel: Infoquelle – Kundengespräch, Sand im Getriebe

Bei einem Kundengespräch begleitet Fabian Sanner einen langjährigen Mitarbeiter. Im Termin trifft der Mitarbeiter Aussagen und macht Zugeständnisse, die konträr zur Firmenpolitik sind. Höflich, jedoch bestimmt ergreift Herr Sanner das Wort:»Hier unterbreche ich kurz. Aus meiner Perspektive gilt es noch die Themenfelder A bis D detailliert zu besprechen. Wie sehen Sie das, meine Damen und Herren? Reicht uns die Zeit heute nicht, kommen wir gerne wieder zu Ihnen.«

Diese elegante Lösung stellt den Mitarbeiter nicht bloß, zeigt ihm aber auch deutliche Grenzen. In der Nachbesprechung gilt es, die Hintergründe des Mitarbeiters zu erfahren. So kann Herr Sanner das Handeln und die Argumente nachvollziehen, jedoch auch deutlich Stellung beziehen und eventuelle Neuausrichtungen anstoßen.

Externe Orientierungsphase

Kennzeichen dieser Phase ist die direkte Interaktion mit anderen Personen. Richten Sie Ihren Blick nach außen und über den Tellerrand. Neben unmittelbaren Kontakten ist professionelles Berufsbeziehungsmanagement unerlässlich. Manchmal können Sie durch den kleinen Dienstweg effizienter ans Ziel gelangen. Skizzieren Sie sich, welche Kontakte Sie in Ihrer Orientierungsphase pflegen oder wieder neu beleben werden. Bevorzugen Sie direkten Kontakt. Zwar sind E-Mail, Skype, Twitter etc. hilfreiche Instrumente für die Weitergabe von Inhalten, Statusberichten, Projektskizzen und vielem mehr. Aber nur durch direkten Kontakt können Sie Ihr Beziehungsnetzwerk ausbauen und pflegen. Nutzen Sie die Kaffee- oder Mittagspausen für gemeinsame Treffen in lockerer Atmosphäre. Sie werden erstaunt sein, was Sie alles zwischen den Zeilen erfahren werden. Hilfreiche Informationen lassen sich nicht in Datenbanken finden, sondern im direkten Austausch. Entwickeln Sie Ihr individuelles Kommunikationsdiagramm. Beachten Sie hierzu: Die Größe der Kreise symbolisiert die Wichtigkeit aus Ihrer Perspektive. So kann es sein, dass eine Teilzeitmitarbeiterin einen größeren Kreis erhält als ein Vollzeitmitarbeiter. Ein Grund dafür wäre zum Beispiel, dass die Mitarbeiterin Spezialistin auf ihrem Gebiet ist. Selbstverständlich können Sie Ihre Kunden auch aufteilen in A-B-C-Kunden. Vergessen Sie nicht die guten Geister im Hintergrund, wie zum Beispiel den Hausmeister, die Empfangsdamen, die studentische Hilfskraft, den Praktikanten oder den Fuhrparkmanager.

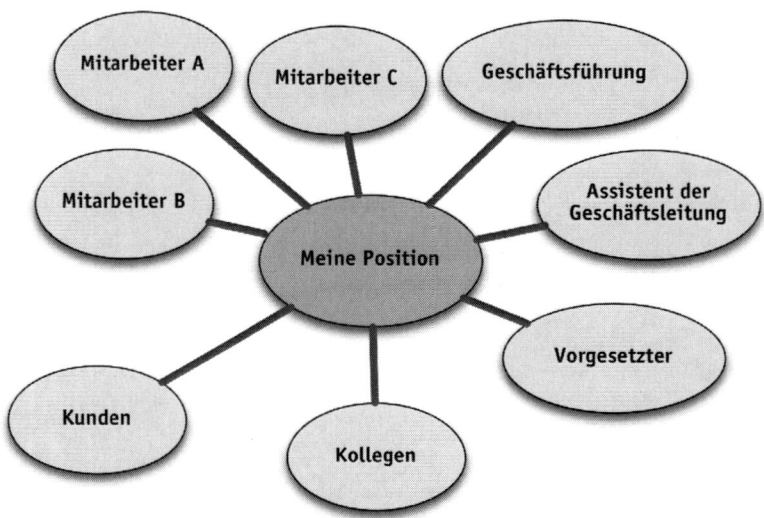

Abbildung 12: Analoges Kommunikationsdiagramm

Neben der Größe der Kreise, ist es möglich, die Kommunikationsbe-
ziehungen mit Linien zu erklären. Je dicker die Linie, desto höher die
Priorität in der Kommunikation und der Zeitbedarf. Achten Sie darauf,
niemanden aus den Augen zu verlieren. Hier gilt im Kontakt die Devise:
Qualität vor Quantität. Gehen Sie lieber mit einem Mitarbeiter Mittagessen und schenken ihm all Ihre Aufmerksamkeit, als sich im Gespräch
auf weitere Personen zu konzentrieren oder schlimmstenfalls nebenbei
auf dem Handy zu telefonieren. Ihr Diagramm ermöglicht Ihnen die
Adlerperspektive bewusst einzunehmen.

Interne Orientierungsphase

Beispiel: Fähigkeiten kennen

Svenja Fisch erhält von ihrem Arbeitgeber die Möglichkeit zu einem Individualcoaching. In der ersten Stunde will der Coach von ihr wissen, was die konkreten Eigenschaften sind, die sie auszeichnen, und warum gerade sie diese Führungsposition erhalten hat. Nachdem Frau Fisch ausweichend auf die Frage reagiert, will der Coach wissen, ob sie ein sehr persönliches Verhältnis zu ihrem Chef unterhält und deshalb die höher dotierte Position erhalten habe. Entrüstet verneint Svenja Fisch diese Behauptung und der Knoten scheint geplatzt. Plötzlich fallen ihr viele Situationen und Gründe aus ihrem Berufsalltag ein, die Entscheidungsbausteine gewesen waren für ihre jetzige Führungsposition.

Sind Sie sich Ihrer individuellen Stärken bewusst? Diese sind Schwerpunkte in der internen Orientierungsphase. Bei dieser Phase stehen Sie als Individuum im Mittelpunkt! Je bewusster Sie sich Ihrer Stärken sind, desto fokussierter können Sie diese einsetzen.

Konzentrieren Sie sich in Ihren ersten hundert Tagen auf Ihre Stärken! Der Zeitraum ist viel zu kurz, um Schwächen deutlich zu reduzieren.

TIPP

Gehen Sie auf persönliche Talentsuche! Hierbei hilft Ihnen ein Blick in Ihre berufliche Vergangenheit. Erinnern Sie sich zum Beispiel an ein erfolgreich abgeschlossenes Projekt, einen gewonnenen Kundenauftrag oder einen positiven Bewerbungsprozess mit unterschriebenem Arbeitsvertrag. Sobald Sie Ihr Erfolgserlebnis haben, beantworten Sie sich die Fragen:

- Wie bin ich vorgegangen? Wie war meine Planung – Vorbereitung – Durchführung?
- Welche Herausforderungen musste ich meistern? Welche Hindernisse räumte ich aus dem Weg? Welche Stolpersteine sind mir begegnet.
- Welche meiner Fähigkeiten waren die Erfolgsgaranten?

Holen Sie sich Hilfe und lassen Sie sich bei Ihrer Stärken-Analyse von Kollegen, Freunden, Ihrem Partner, Ihrer Partnerin ... unterstützen. Bitten Sie diese Ihnen Feedback zu geben auf folgende Themenfelder:
- Welche Talente, findest du, besitze ich?
- Was schätzt du besonders an mir?
- Welche Eigenschaft findest du an mir einzigartig?
- Wieso, glaubst du, bin ich nun Führungskraft?

Gehen Sie regelrecht auf Schatzsuche, was Ihre Stärken betrifft. Entwerfen Sie Ihre persönliche Stärken-Schatzkarte. Werfen Sie immer wieder einen Blick darauf, sie hilft Ihnen sich bei den anstehenden Herausforderungen auf Ihre Potenziale zu konzentrieren.

Abbildung 13: Stärken-Schatzkarte

3.4 Handlungsphase – Themen erkennen und aktiv anpacken

»Müde macht uns die Arbeit, die wir liegen lassen, nicht die, die wir tun.«

Marie von Ebner-Eschenbach

Sie sind sich Ihrer Ziele bewusst. Nehmen Sie hierzu Ihre Ziel-Checkliste zur Hand. Jetzt gilt es, sich auf das Wesentliche zu konzentrieren und im dritten Schritt Ihrer Zeittreppe Ihr Augenmerk auf konkrete, mess- und umsetzbare Projekte zu fokussieren. In Ihrer Handlungsphase sollten Sie keine unüberlegten Schnellschüsse abfeuern. Binden Sie Ihre Mitarbeiter ein beim Finden von Ideen und dem Ausarbeiten von Lösungen. Ihr Team verfügt oft über einen deutlichen Wissensvorsprung, den Sie mit Ihrer Fach- und Führungskompetenz in erfolgreiche Bahnen lenken sollten. Seien Sie vorsichtig und versprechen Sie nicht voreilig Dinge, die Sie eventuell nicht erfüllen können.

Beispiel: Gemeinsame Handlungsfelder entdecken
Herr Michael Baum leitet die Marketingabteilung seit vierzehn Tagen. Bei der Strategietagung im Führungskreis vor zwei Tagen präsentierte der Vorstand die langfristigen Unternehmensziele. Das Motto: Success 2020 schreibt vor, 50 Prozent mehr Umsatz bis 2020 zu erwirtschaften bei möglichst geringem Ansteigen der Belegschaft. Klar ist nun für Herrn Michael Baum beim Teammeeting die Agenda 2020 zu präsentieren und das Team ins Boot zu holen.

Beim Teammeeting richtet Herr Baum nun sein Augenmerk darauf, sein Team umfassend zu informieren, ohne ein Drohszenario aufzubauen. Es gilt, die Betroffenen einzubinden und das Großziel auf Teil- und eventuell auch Miniziele herunterzubrechen. Vermieden werden soll autoritäres Gehabe und Besserwisserei. Erfolg versprechend ist es, Quick Wins zu erkennen und diese umzusetzen. Quick Wins bedeutet schneller Erfolg aus ökonomischer Perspektive. Es gilt, Projekte voranzutreiben, die mit einem geringen Aufwand zu verbesserten Ergebnissen führen.

Leben Sie italienisch – Das Pareto-Prinzip!
Der italienische Ökonom Vilfredo Pareto entwickelte die 80-zu-20-Regel. Quintessenz ist: 20 Prozent der Anstrengung sind für 80 Prozent des Erfolgs verantwortlich.

Lassen Sie sich auf eine kleine Gedankenübung ein. Wie viele Kunden sorgen in Ihrem Unternehmen für Gewinn? Wie viele Kleidungsstücke tragen Sie überwiegend? Aus welchen Medien holen Sie sich Ihre Informationen? Vilfredo Pareto fand schon im 19. Jahrhundert heraus, dass die 80-zu-20-Regel umfassend anwendbar ist, denn

- 20 Prozent der Kunden verantworten 80 Prozent des Gewinns;
- 20 Prozent der Medien liefern uns 80 Prozent an Informationen.

Mit wenig Aufwand ein hervorragendes Ergebnis zu erzielen ist also möglich! Lassen Sie uns stummer Zaungast bei dem Teammeeting von Michael Baum sein. Eigenschaften wie verstehen, zuhören, Lernbereitschaft, diskutieren, analysieren und Fragen stellen sind Fähigkeiten, die den Erfolg unterstützen. Gemeinsam die Quick-Win-Grafik zu entwickeln, könnte Ziel der Teamsitzung sein. Diese Quick-Win-Grafik bietet dann die Handlungsbasis, um Maßnahmen einzuleiten. Zur Führungsaufgabe von Michael Baum gehört es, nun konsequent die Umsetzung voranzutreiben und durch Feedbackschleifen zu prüfen, ob alle Mitarbeiter effektiv am Erreichen des Ziels arbeiten.

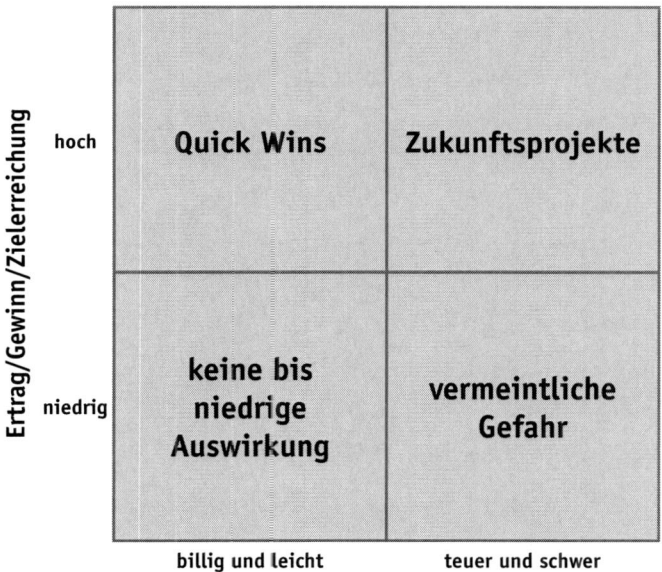

Abbildung 14: Quick-Win-Grafik

Herr Michael Baum hebt sich positiv von der Masse ab, wenn er weniger redet und aktiv handelt. Gemeinsam erarbeitete, wohlbedachte Ideenfindungs- und Lösungsprozesse aktiv umsetzten führt zu erhöhter Akzeptanz als Führungskraft. Aktives Tun oder es zu veranlassen ist das Merkmal der Handlungsphase.

Neutralität bewahren

Neutralität ist ein guter Freund, um die Handlungsfelder zu definieren. Sammeln Sie Informationen – dies ist Ihre Kernaufgabe in den ersten hundert Tagen – egal in welcher Phase Sie sich befinden. Sie können sich ein gutes Bild machen, wenn Sie kommunizieren und aktiv auf Menschen zugehen, egal ob diese intro- oder extravertiert sind. Es liegt an Ihnen, den ersten Schritt zu gehen. So erhalten Sie Informationen zwischen den Zeilen. Nehmen Sie sich die Zeit, hinter die Kulissen zu blicken. Dies bedeutet: Erst wenn Sie die Qualifikationen, Erfahrungen, Ideen, Meinungen, Zuständigkeiten, Vorlieben und Abneigungen in Ihrem Team kennen, erzielen Sie erste Erfolge in dieser Phase.

Informationsstress

Zu Beginn Ihrer Führungsaufgabe stehen Sie einem Berg von Informationen gegenüber. Sie schaffen Ordnung in diesem Wirrwarr von Namen – Abteilungen – Zuständigkeiten – Arbeitsrichtlinien und vielem mehr, indem Sie bewusst sortieren.

TIPP   **Sie bewältigen die Flut an Eindrücken und Informationen, indem Sie sich mindestens eine halbe Stunde Zeit pro Tag nehmen und Ihr persönliches Handbuch erstellen. Wichtig ist, dass Sie es sich schriftlich notieren, egal ob auf Papier oder im PC. In der Handlungsphase installieren Sie so ein persönliches Kontrollinstrument. Sie behalten leichter den Überblick und analysieren Ihre Handlungsstrategien anhand der Notizen.**

Kontrollieren und steuern

Die Handlungsfelder werden nun bearbeitet. Jetzt dürfen Sie die Balance zwischen Kontrollieren und Steuern üben. So unterschiedlich wie Ihre Mitarbeiter sind, so unterschiedlich ist ihr Verhalten. Als Führungskraft zählt es zu Ihren Kernaufgaben, die Umsetzung zu kontrollieren und das Erreichen von Zielen zu prüfen. Stellen Sie bei dieser Kontrolle fest, es läuft etwas nicht rund, können Sie gegensteuern und eine Kurskorrektur vornehmen. Sie müssen immer wieder neu entscheiden, wie Sie die Kontrolle durchführen. Entscheidungskriterien hierfür können sein: Bedeutung der Aufgabe, Erfahrung/Wissensstand der Mitarbeiter, Definition von Teilzielen. Ob Sie Ihre Mitarbeiter an der langen oder kurzen Leine führen, richtet sich nach deren Persönlichkeiten. Klar sollte Ihnen sein: Mit Kurzbesprechungen können Sie einerseits den Status quo erfahren und andererseits kontrollieren, ohne dass Sie als misstrauischer Chef wahrgenommen werden.

Beispiel: Raus aus der Komfortzone
Die Niederlassung der AktivRad GmbH leitet seit Neuestem Verena Pitter. AktivRad produziert Fahrräder im oberen Preissegment. Da der Fahrradmarkt sehr umkämpft ist, hat das Team mit Frau Pitter eine individuelle Strategie entwickelt. Sie bieten in Seniorenheimen aktiv Elektrofahrräder an und schafften es so, die Zielgruppe Silver Ager zu erreichen. Ebenso haben Sie Informationskampagnen vor Kinderkrippen und -gärten rund um das Thema Fahrradsicherheit und Unfallvermeidung gestartet. Innerhalb kurzer Zeit hat das Team eine Umsatzsteigerung um 21 Prozent geschafft.

Prägen Sie Ihre Handlungsphase durch attraktive Aktionen und ungewöhnliche Lösungen. Verzetteln Sie sich dabei nicht. Besser ein Handlungsfeld mit einer durchdachten und fundierten Strategie bearbeiten als viele parallel. Sie minimieren so die Gefahr der Verzettlung.

3.5 Reflexionsphase – Der Blick zurück und der Plan für morgen

Ihre Reflexionsfähigkeit ist eine essenzielle Führungsqualität! Wieso? Egal in welchem Alter Sie sind, Ihre individuelle Entwicklung ist nie abgeschlossen. Sie zieht sich durch Ihr gesamtes Leben in alle Lebensbereiche. Die Reflexionsfähigkeit kontinuierlich auszubauen, ist Ihr selbstverantwortlicher Bildungsprozess. In dieser vierten Phase erklimmen Sie die letzte Stufe der Zeittreppe. Ein Etappenziel ist nun erreicht, Sie befinden sich auf der Zielgeraden der ersten hundert Tage. Stellen Sie sich darauf ein, nach diesem spannenden, herausfordernden Zeitraum immer wieder vor neuen Hürden zu stehen, die Sie bewältigen werden.

Planen Sie Ihre Reflexionsphase wie ein Projektreview. Ihr Projekt ›Die ersten hundert Tage als Führungskraft‹ dient dazu, direkt aus den gewonnenen Erfahrungen und Erlebnissen Handlungsmodelle für zukünftige Aufgaben abzuleiten. So lernen Sie kontinuierlich in Ihrem täglichen Tun als Führungskraft.

TIPP **Die Reflexionsphase ist ein Lernprozess! Analysieren Sie nicht Fehler, sondern den gesamten Zeitraum mit all den Ereignissen.**

Sie reflektieren in dieser Phase:

- die Stärken und positive Aspekte,
- die Schwächen und negative Aspekte und
- die Entwicklungsfelder.

Betrachten Sie hierzu verschiedene Ebenen:	
Sachebene – Harte Faktoren	Beziehungsebene – Weiche Faktoren
Arbeitsinhalte	Teamkultur
Kalkulationen	Kommunikation
Kennzahlen	Konfliktstrategien
Kundenanalyse	Führungsstil
...	...

Sie beleuchten in dieser Phase vier Hauptaspekte.

- Ablauf der hundert Tage
- Teamentwicklung und Zusammenarbeit
- Stärken in dem Zeitraum
- Schwächen, die aufgetreten sind
- weitere Handlungs- und Vertiefungsfelder

Verwenden Sie für die Reflexionsphase unterschiedliche Techniken, um ein möglichst differenziertes Gesamtbild zu erhalten. Beziehen Sie Ihr Team, Ihre Kollegen und Ihren Chef ein, indem Sie mit ihnen reden und sich Feedback geben lassen.

Wetterbericht – Sonne, Regen, Sturm

Beispiel: Teamworkshop nach den ersten hundert Tagen
Seit November führt Hannah Moritz das Team in der Buchhaltung. Die letzten hundert Tage waren für die sechs Mitarbeiter der Abteilung gekennzeichnet durch mehrere Umstrukturierungen und neue Arbeitsabläufe. Die neue Abteilungsleiterin lädt das gesamte Team zu einem Review-Workshop ein. Im Vorfeld bittet Hannah Moritz ihre Mitarbeiter, sich auf den Workshop vorzubereiten:»Sie können den Zeitraum betrachten wie einen Wetterbericht. Notieren Sie sich Vorfälle, Ereignisse oder Veränderungen mit Wettersymbolen. Wann war für Sie Sonnenschein, wann Regen oder vielleicht gab es auch orkanartige Böen. Zum Workshop in der nächsten Woche bringen Sie bitte die Checkliste mit, sie soll uns bei unserer gemeinsamen Analyse helfen.«

Mit Symbolen in der Checkliste erleichtern Sie es Ihrem Team, die Ereignisse klar zuzuordnen. Vorteil der Wetterbericht-Methode ist, dass Sie die unterschiedlichen Blickwinkel der Mitarbeiter deutlich herausarbeiten. Verblüffend und erhellend ist für Teammitglieder oft, wie unterschiedlich jeder wahrnimmt.

Beispiel: Veränderung – nein danke!
Beim Workshop gingen die einzelnen Teammitglieder speziell auf die neuen Arbeitsabläufe ein. Das seit vier Wochen verwendete Buchhaltungsprogramm ›Accounting and Liabilities‹ wurde unterschiedlich bewertet. Drei Teammitglieder empfanden die neue Software als Dauergewitter, für zwei war es ein kurzer Regen und für den Auszubildenden war es Sonnenschein.

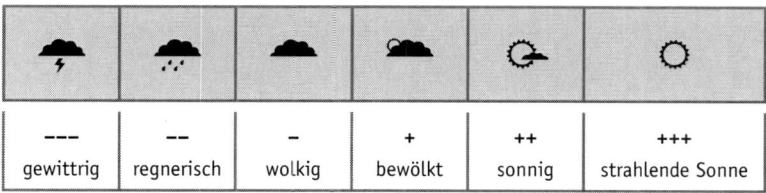

gewittrig	regnerisch	wolkig	bewölkt	sonnig	strahlende Sonne
---	--	-	+	++	+++

Abbildung 15: Wetterbericht-Symbole

Als Abteilungsleiterin kann Hannah Moritz im Workshop nun genauer auf das Thema eingehen und die Diskussion zielorientiert lenken. Die Wetterbilder ermöglichen ihr das Problem ›Accounting and Liabilities‹ leichter zu bearbeiten. Es wird nicht ausschließlich um das neue Computerprogramm gesprochen, sondern darüber, welche Vor- beziehungsweise Nachteile für die Teammitglieder damit verbunden sind.

Zahlenstrahl-Methode, das analytische Instrument

Beispiel: empfängerorientiert kommunizieren

Florian Schweizer blickt gespannt auf das bevorstehende Gespräch mit seinem Vorgesetzten. Bald ist er seit hundert Tagen in Amt und Würden und Teamleiter der Personalentwicklungsabteilung. Im Vorfeld bereitet er sich auf den Termin vor und lässt die Zeit innerlich Revue passieren. Seinen Chef kennt Florian Schweizer bereits seit mehreren Jahren und weiß, dieser bevorzugt die analytische Reflexion auf der Sachebene. In Gesprächen ist er konstruktiv sachlich und eher distanziert.

Sich mit der Zahlenstrahl-Methode vorzubereiten ist hilfreich für Florian Schweizer. Hier analysiert er im Vorfeld detailliert die einzelnen Zeitabschnitte und ordnet Projekte/Ereignisse/Erfolge/Stolpersteine zu.

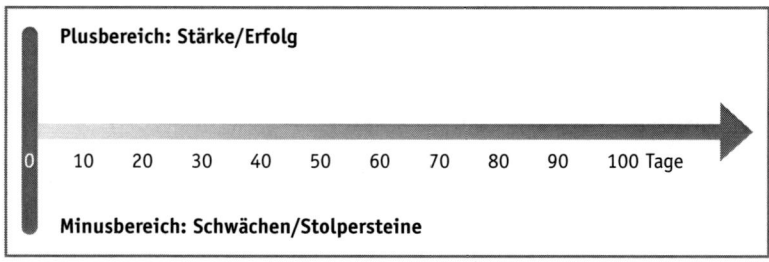

Abbildung 16: Zahlenstrahl

Aussagekraft erlangt die Zahlenstrahl-Methode, wenn sie anhand des Fragenkatalogs ausgefüllt wird. Entwickeln Sie Ihre persönlichen Fragen und betrachten Sie hier drei Blickwinkel:

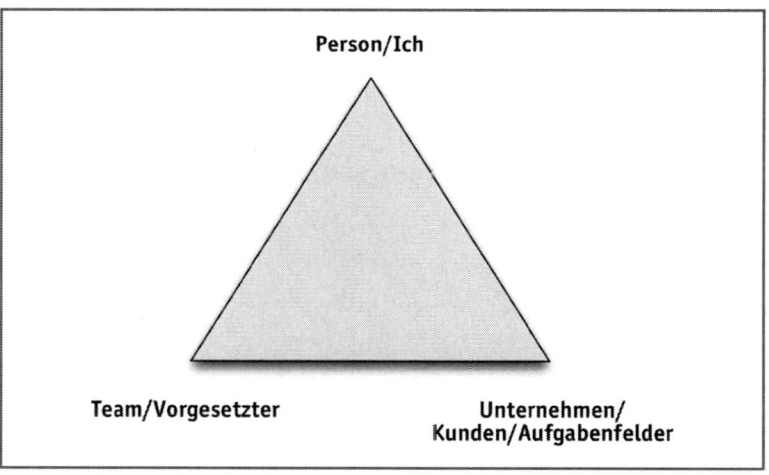

Abbildung 17: Blickwinkel für den Zahlenstrahl

Selbstkritische Fragen für Sie sind zum Beispiel:

- Habe ich die Arbeitsprozesse im Unternehmen zielorientiert betrachtet?
- Habe ich Veränderungen rechtzeitig erkannt und positiv genutzt?
- Konnte ich die Kundenbeziehungen ausbauen/intensivieren?
- Habe ich mich auf die vorgegebenen Ziele konzentriert? Habe ich die Unternehmensziele im Blick behalten?
- War meine Team- und Mitarbeiterführung erfolgreich?
- Lief die Zusammenarbeit mit meinem Vorgesetzten/der Geschäftsführung reibungslos?
- Habe ich mein internes und externes Netzwerk ausgebaut?

Meine Selbstwahrnehmung schärfen

Mit diesem Reflexionsinstrument erhöhen Sie Ihre Kompetenz besonders dann, wenn Sie immer dazu bereit sind, Ihre Selbstwahrnehmung als Führungskraft kontinuierlich auszubauen. Fokussieren Sie sich bei diesem Werkzeug auf Projekterfolge und -misserfolge. Notieren Sie sich Ihre Erfolge und Misserfolge in den letzten hundert Tagen. Aufbauend auf diesen Notizen können Sie Ihre Erkenntnisse mit vertrauten Personen reflektieren.

Beschreibung der Situation	Analyse des Problems	Planung der Aktion	Ableitung für die Führung
Was ist genau passiert? (Projekte, Personen, Ereignisse, Handlungen)	Warum führte es dazu? Wer war beteiligt? Wie waren die Reaktionen?	Was kann ich verbessern? Welchen Einfluss hat es auf die Ziele? Wie setze ich es um? Wen benötige ich?	Was bedeutet es für meine persönliche Entwicklung? Welche meiner Handlungen sollte ich überdenken?

Durch Ihre Selbstreflexion erkennen Sie Ihre persönlichen Kompetenzen und Ihre Entwicklungsfelder. Sie entwickeln das Potenzial zu einer guten Führungskraft, indem Sie Ihr Verhalten und Auftreten kontinuierlich überprüfen. Machen Sie sich Ihre persönlichen Grenzen bewusst. Diese erkennen Sie dann, wenn Sie Ihre eigenen Stärken und Defizite benennen können. Beobachten Sie genau, wie Sie auf Mitarbeiter, Kollegen und Vorgesetzte wirken und wie Sie diese Personen wahrnehmen.

Vertiefungsliteratur zum Kapitel III

Morgenstern, Martin Christian (2014): Gelassen gewinnen. Ab jetzt reitest du den Affen! BusinessVillage, Göttingen.

Malik, Fredmund (2006): Führen, Leisten, Leben. Wirksames Management für eine neue Zeit. Campus, Frankfurt am Main.

Covey, Stephen R. (2005): Die 7 Wege zur Effektivität. Prinzipien für persönlichen und beruflichen Erfolg. Gabal, Offenbach.

Haucke, Patrizia; Annette Krenovsky (2003): Gelassen und souverän führen. Die Stärken des weiblichen Führungsstils. Kösel-Verlag München.

Handlungsfelder – 360-Grad-Perspektive einnehmen

»Wir brauchen Führungskräfte, die unternehmerisch denken und die richtigen Entscheidungen treffen!«, das antworten fast alle Unternehmer auf unsere Frage nach den gewünschten Eigenschaften ihrer Chefs. Leichter gesagt als getan. Wie zeigt sich unternehmerisches Denken im Alltag? Wer bestimmt, was die richtigen Entscheidungen sind? Fest steht: Die Anforderungen an Sie als neue Führungskraft sind hoch. Die Führungskultur in Ihrem Unternehmen bestimmt, was von Ihnen erwartet wird. In eher patriarchisch geführten Unternehmen erleben wir, dass die meisten Entscheidungen beim Patriarchen zusammenlaufen. Die Führungskräfte sind im Wesentlichen für die Umsetzung verantwortlich. Wesentlich unternehmerischer müssen Führungskräfte agieren, die in flachen Hierarchien tätig sind und Freiraum für eigene Entscheidungen haben. Nutzen Sie die ersten hundert Tage, um herauszufinden, in welcher Kultur Sie tätig sind und wie stark Ihre unternehmerische Kompetenz gefordert ist. Unternehmerisch agieren und entscheiden können Sie nur, wenn Sie bereit sind Risiken einzugehen. Wechseln Sie häufiger die Perspektive, damit Sie alle Handlungsfelder im Blick behalten. Vergessen Sie dabei nicht auf Ihre eigene Gesundheit und langfristige Leistungsfähigkeit zu achten.

4.1 Mitarbeiter – kennenlernen, abholen, einbinden

»Wenn es ein Geheimnis des Erfolgs gibt, dann ist es das: den Standpunkt des anderen zu verstehen und die Dinge mit seinen Augen zu sehen.«

Henry Ford

Eines der ungelösten Rätsel der Psychologie ist, menschliches Verhalten einzuschätzen und zu prognostizieren. Mit verschiedensten Diagnoseinstrumenten und Methoden wird in Personalauswahlverfahren versucht die Persönlichkeit der Bewerber zu erfassen. So lassen sich einigermaßen verlässliche Aussagen über Stärken, Schwächen und persönliche Eigenschaften treffen. Als neue Führungskraft stehen Sie vor einer ähnlich großen Herausforderung. Es gilt, Ihre Mitarbeiter mit all ihren Ecken und Kanten kennenzulernen. Nur so gelingt es Ihnen, das Vertrauen Ihrer neuen Mitarbeiter zu gewinnen und sie motivierend zu führen. Dabei müssen Sie nicht auf ein Psychologiestudium oder aufwendige Diagnoseverfahren zurückgreifen.

Trainieren Sie sich eine offene, neugierige Haltung gegenüber Ihren Mitarbeitern an, die sich in echtem Interesse für Ihr Gegenüber äußert. Viele Chefs agieren nach dem Motto: ›Ich werde nicht dafür bezahlt, meine Mitarbeiter zu kennen, sondern um Ziele zu erreichen!‹ Diese Haltung führt bei den Mitarbeitern zu Misstrauen und schwächeren Arbeitsleistungen. Wenn Sie wollen, dass Ihre Mitarbeiter engagiert wertvolle Beiträge leisten, müssen Sie sich mit ihnen auseinandersetzten und ihr Vertrauen gewinnen.

Mitarbeiter einschätzen

Die Zeitspanne vom ersten Kontakt mit einem Menschen und der Zuordnung in seine Schublade dauert nur wenige Minuten. Dieser Prozess ist natürlich und kann durchaus hilfreich sein. Finden wir doch so schnell einen Modus für die Kommunikation miteinander. Problematisch wird es, wenn wir an einmal getroffenen Bewertungen festhalten, auch wenn diese sich später als unzutreffend herausstellen.

Beispiel: selektive Informationsaufnahme

Ihre Beiträge zum Projekt hatte Waltraud Quast pünktlich und tadel-
los abgeliefert. Ihr Chef fand trotzdem Grund zum Meckern: »Da waren
die Arbeiten wohl ungleich verteilt. Sonst hätten Sie das sicher nicht so
locker geschafft.« Waltraud Quast, die wusste, dass ihr Chef nichts von
ihr hielt, hatte keine andere Reaktion erwartet. Hätte sie die Arbeit un-
pünktlich abgeliefert, wäre die Rede von ihrer mangelnden Organisations-
fähigkeit gewesen.

Wir alle neigen dazu, einmal getroffene Urteile erneut zu bestätigen.
Wir suchen (und finden) Gründe, die den Unsympathen unsympathisch,
den Quertreiber unbequem und den Hochleister herausragend erscheinen lassen. Objektiven Kriterien halten diese Bewertungen nur selten
stand. Bleiben Sie selbstkritisch und überprüfen Sie Wahrnehmungen,
die Ihr bestehendes Bild anderer Menschen lediglich bestätigen, skep-
tisch.

Wahrnehmung – Beurteilung

Beispiel: Beurteilungskurzschluss

Willi Burger wusste, wie wichtig die Präsentation war, und legte in der
Vorbereitung besonders viel Wert auf Details. »Sie müssen heute leider
ohne Beamer auskommen, der ist gerade ausgefallen. Ich hoffe, das
macht Ihnen nichts aus?«, teilte ihm der Moderator kurz vor dem Treffen
mit. Aus dem Konzept gebracht, vergaß er einige Aspekte und kam ins
Schwitzen. »Mangelnde Kompetenz und unsicher – für strategische Auf-
gaben ungeeignet«, urteilte der anwesende Vorstand im Nachgang über
Willi Burger.

Mit seiner jahrelangen Erfahrung war dem Vorstand sofort klar: Vergess-lichkeit und schwitzen = unsichere Persönlichkeit. Genauso wie er jeden Bewerber mit einem schlaffen Händedruck zur Begrüßung im Geiste bereits ablehnte. Diese Schlüsse sind problematisch. Sie basieren auf subjektiven Erfahrungen und lassen keine Verallgemeinerung zu. Hüten Sie sich vor Alltagsweisheiten und einfachen Tricks zur Beurteilung von Persönlichkeitsaspekten bei Ihren Mitarbeitern. Bessere Ergebnisse er-halten Sie, wenn Sie Wahrnehmung und Beurteilung zeitlich trennen.

Je weniger Informationen Sie über Ihren neuen Mitarbeiter haben, desto unvoreingenommener können Sie ihn kennenlernen. Machen Sie sich Vorannahmen, die Sie bereits gebildet haben, bewusst. Ist der Harvardabsolvent wirklich so schlau, der Langhaarige unstrukturiert und die CDU-Gemeinderätin konservativ? Versuchen Sie bei den ersten Begegnungen nur Informationen zu sammeln, ohne diese zu bewerten. Nehmen Sie sich bewusst ein paar Wochen Zeit, bevor Sie sich ein erstes Urteil bilden, egal ob positiv oder negativ. So geben Sie sich und Ihrem Mitarbeiter die Chance für einen treffenderen zweiten Ein-druck.

KOMPAKT

Menschenkenntnis

Die beste Methode, Ihre Menschenkenntnis zu verbessern: Lernen Sie sich selbst kennen! Der Schlüssel zu einer treffenden Einschätzung an-derer Menschen ist nämlich vor allem, die eigenen Wahrnehmungsver-zerrungen zu hinterfragen.

Beispiel: Blinder Fleck

Ortsverbunden und mit Fleiß und Ausdauer baut Hans Mayer sein Großhandelsunternehmen auf. Sein Sohn studiert im elften Semester Germanistik, ohne Aussicht auf ein baldiges Ende. Bewerber mit Hochschulabschluss schaffen es bei Mayer nie in die letzte Runde. Alle neu eingestellten Mitarbeiter weisen dagegen eine handwerkliche Ausbildung vor.

Hans Mayer schreibt offensichtlich Personen, die zur eigenen sozialen Gruppe gehören, eine höhere Kompetenz zu. Die Unzufriedenheit mit seinem Sohn überträgt sich hingegen auf Menschen in ähnlichen Lebensabschnitten. Beide Wahrnehmungsverzerrungen führen unweigerlich zu Fehlurteilen.

Menschenkenntnis entwickeln:

- **Welche Mechanismen prägen bei Ihnen die Wahrnehmung anderer Menschen?**
- **Welche Aspekte treten dadurch in den Vordergrund? Welche in den Hintergrund?**
- **Hinterfragen Sie gezielt Ihren ersten Eindruck! Beispiel: Welche Aspekte können bei Frau Reindl für Zielstrebigkeit sprechen, wenn sie im ersten Moment orientierungslos auf mich wirkte?**

4.2 Perspektive wechseln – Unternehmerbrille aufsetzen

Vorweg: Zwischen Ihnen als angestellter Führungskraft und einem Eigentümer-Unternehmer gibt es einen bedeutenden Unterschied: Der richtige Unternehmer trägt das volle Risiko für sein Unternehmen und sein Handeln. Sie haften als angestellte Führungskraft maximal mit ihrem Marktwert. Dafür profitieren Sie auch nur in einem begrenzten Umfang von einer positiven Unternehmensentwicklung. Niemand wird von Ihnen verlangen, in den ersten hundert Tagen das Unternehmen umzukrempeln. Sie sollten diese Zeit aber nutzen um sich zu positionieren und die Erwartungen an Sie zu erfahren. Finden Sie heraus, welche Erwartungen seitens der Geschäftsleitung konkret an Sie gerichtet sind. Unsere Erfahrung ist: Je kleiner das Unternehmen, desto stärker ist auf allen Führungspositionen der Unternehmer im Unternehmen gefordert.

Beispiel: Fehlerkultur

Zum wiederholten Mal stand die Produktion still. In der vom Geschäftsführer eiligst einberufenen Führungskräftesitzung versuchten die Chefs sich gegenseitig den Schwarzen Peter dafür zuzuschieben. Keiner wollte vor der Unternehmensleitung offen Fehler eingestehen. Neben einer öffentlichen Rüge hatte das in der Vergangenheit stets zu einem Entzug des Vertrauens geführt. »Meine Herren, langsam bin ich am Verzweifeln. Ich dachte, ich habe Manager beschäftigt. Dabei muss ich am Ende doch wieder alles selbst entscheiden!«, schloss der Geschäftsführer die Sitzung.

In vielen Unternehmen erleben wir ein Ungleichgewicht zwischen der gelebten Unternehmenskultur und den formulierten Anforderungen an die Führungskräfte. Wenn, wie in diesem Beispiel, die Fehlerkultur dadurch geprägt ist, Schuldige zu finden und zu bestrafen, wird die Arbeitsatmosphäre nicht zu mutigen und unternehmerischen Entscheidungen einladen. Befinden auch Sie sich in einem solchen Ungleichgewicht? Lassen Sie sich von kollektiven Ängsten nicht verunsichern. Sprechen Sie Hindernisse offen an: »Mein Eindruck ist, dass wir bei Problemen stärker auf Schuldige und Ursachen fixiert sind als unsere Aufmerksamkeit der Lösung zu widmen.«

Manager oder Unternehmer?

Unternehmen brauchen beide. Ein Unternehmen ohne Manager ist genauso gefährdet wie ein Unternehmen ohne Unternehmer. Das folgende Rollenverständnis, das auf den Managementvordenker Peter F. Drucker zurückgeht, macht das deutlich.

Manager	Unternehmer
Fokus auf wichtige Aspekte der Gegenwart optimiert Prozesse und Produkte gestaltet und verbessert die Organisation, Beziehungen, …	Fokus auf wichtige Aspekte der Zukunft stellt Bewährtes infrage sucht ständig neue Herausforderungen

Klar ist, dass beides gleichzeitig in einer Rolle kaum erfüllbar ist. Zu unterschiedlich sind die damit verbundenen Ziele und Aufgaben. Klären Sie deshalb mit Ihrem Chef, in welcher Rolle er Sie vor allem sieht. Auch Alter und Struktur Ihres Unternehmens haben einen Einfluss: Ein Start-up wird in allen Ebenen eher Unternehmer suchen als eine traditionelle Versicherung.

Wenn in Ihrem Unternehmen mehrere der folgenden Kriterien zutreffen, sind Sie in einem Arbeitsumfeld, wo besonders Führende vom Typus Unternehmer gefragt sein dürften.

- **Innovationsgeschwindigkeit:** Hohe Aufgeschlossenheit für Innovationen und große Bereitschaft, sich von Überholtem zu trennen.
- **Zukunftsorientierte Führung:** Probleme werden lösungsorientiert angegangen. Großer Freiraum für jeden Einzelnen – auch für Fehler.

- **Unkonventionelle Wege:** Flache Hierarchien und kreatives Denken und Handeln sorgen für eine hohe Erneuerungsrate.
- **Verantwortungsteilung:** Alle Mitarbeiter fühlen sich für den Unternehmenserfolg in gleichem Maße verantwortlich.

Die folgenden Fragen helfen Ihnen, die Unternehmerperspektive einzunehmen:

- Welche der herrschenden Arbeitsrahmenbedingungen sind eher hinderlich als förderlich? Gibt es Rituale, Gewohnheiten und ungeschriebene Gesetze, die es zu hinterfragen gilt?
- Wie würde ich handeln und entscheiden, wenn mein Fokus allein auf den Erfolg in fünf Jahren ausgerichtet ist?
- Gibt es heilige Kühe im Unternehmen? Wie kann es mir gelingen, diese anzugehen?
- Wie würde ich als Alleineigentümer des Unternehmens entscheiden/agieren? Was würde ich verändern? Was beibehalten?
- Welche gesellschaftlichen/demografischen/wirtschaftlichen Veränderungen stehen an? Welche passenden Antworten darauf gibt es aus Unternehmenssicht?

4.3 Work-Life-Balance – Arbeit und Leben im Einklang

»Es ist nicht wenig Zeit, die wir haben, sondern es ist viel Zeit, die wir nicht nutzen.«

Lucius Annaeus Seneca, römischer Philosoph

Als Führungskraft haben Sie typischerweise nie genügend Zeit zur Verfügung, um alle Aufgaben und Ziele zu verwirklichen. Zeit ist das wertvollste Gut, das Sie besitzen. Deshalb sollten Sie möglichst viel daraus machen. Unsere Arbeitswelt hat sich in den letzten zwanzig Jahren radikal verändert. Unternehmen und Menschen sind weltweit vernetzt und Veränderungen der Normalfall. Das eröffnet neue Chancen, erhöht – insbesondere für die Führungskräfte – den Druck aber enorm. In den wenigsten Unternehmen sind feste Arbeitszeiten noch Standard. Vielmehr klagen die meisten Menschen über eine hohe Belastung durch ihre Arbeit und eine mangelhafte Erholung in der Freizeit. Hält dieses Ungleichgewicht dauerhaft an, sinkt die Leistungsfähigkeit deutlich. Aus unserer Erfahrung mit erfolgreichen Führungskräften wissen wir: Nur wenn Sie einen Ausgleich zu den Belastungen Ihrer Arbeitssituation schaffen, sich selbst und Ihre Arbeit wertschätzen und ab und zu fünf gerade sein lassen, gelingt es Ihnen, mental und körperlich fit zu bleiben. Ein professionelles Selbstmanagement ist der Schlüssel zum Erfolg. Wie setzen Sie sich berufliche und private Ziele? Organisieren Sie Ihre Arbeit und Ihr Privatleben? Gerade als Führungskraft werden Sie schnell feststellen: Ein unkoordinierter Arbeitsstil kostet Sie Zeit, Nerven und Lebensqualität.

Haben Sie ausreichend Zeit für alle Aufgaben und Ziele? Fakt ist: Nein,

denn Sie haben immer mehr Aufgaben zu erledigen als Ihnen Zeit zur Verfügung steht. Die wichtigste Erkenntnis für Ihr erfolgreiches Zeitmanagement ist aber: Für das, was wirklich wichtig ist, haben Sie genug Zeit!

Machen Sie sich bewusst: Effektives Zeitmanagement kostet zunächst Zeit! Zeit, die gut investiert ist, weil sie Ihre Lebensqualität steigern hilft.

Warnsignale und Stressbewältigungsstrategien

Beispiel: Büroalltag

Der E-Mail-Eingang quillt über, die Wiedervorlage ist gefüllt, sein Chef braucht dringend einen Statusbericht über das laufende Projekt und der neue Kollege wartet auf Unterstützung. Konrad Jobst ist Leiter der IT und dreht am Rad. Nur mit Not hält er alle Bälle in der Luft. So verstreichen die Wochen, ohne dass sich die Situation verbessert. Langsam wird seine Frau ungeduldig, weil er auch abends regelmäßig am Rechner sitzt. Zu allem Überfluss haben sich Rückenschmerzen und Schlafstörungen bei ihm eingestellt.

Die Warnsignale sollte Konrad Jobst auf jeden Fall ernst nehmen. Sie geben Hinweise auf übermäßigen Stress, der weitere Stressfolgeerkrankungen hervorrufen kann und im schlimmsten Fall zum Burn-out führt. Das Gefährliche an Burn-out ist, dass er sich schleichend entwickelt. Oft erst nach Jahren gelangen die Betroffenen an den Punkt, an dem nichts mehr geht. Totale Erschöpfung und Lustlosigkeit sind die Folge. Körper und Geist versagen ihre Dienste.

Achten Sie auf erste Symptome und Anzeichen:

- Schlafstörungen
- Konzentrationsschwäche
- permanente Müdigkeit und Erschöpfungszustände
- Körperliche Beschwerden wie Kopf- und Rückenschmerzen, Magen-Darm-Beschwerden
- Stimmungsschwankungen und sozialer Rückzug

Bestimmte Persönlichkeitsfaktoren erhöhen das Risiko für Stressfolgeerkrankungen. Sie sollten besonders achtsam sein, wenn Sie sich mit einer oder mehrerer der folgenden Aussagen identifizieren können.

- Egal ob im Beruf oder im Privatleben – ich setzte mir hohe Ziele, will Höchstleistungen vollbringen und erlaube mir dabei keine Fehler.
- Ich beweise mir selbst und anderen gerne, dass ich besser bin. Stillstand ist für mich Rückschritt.
- Ich habe für alles und jeden ein offenes Ohr. Für andere bin ich gerne da und lehne Hilfsanfragen nie ab.
- Es fällt mir schwer, anderen Grenzen zu setzen. Harmonie ist mir wichtig und ich versuche, es allen anderen recht zu machen.

Erhöhten Druck aushalten können Sie nur, wenn Sie über passende Strategien verfügen, damit umzugehen. Dazu gehören:

- gutes Zeitmanagement und Organisationsfähigkeit
- die Fähigkeit, abzugeben und loszulassen
- sich nicht alles zu Herzen zu nehmen
- abschalten zu können und das Gefühl, selbstbestimmt zu arbeiten

Erstellen Sie eine Kosten-Nutzen-Analyse Ihrer Situation: Was mache ich ungern und wofür bekomme ich nichts zurück? Was tut mir gut und bereitet mir Freude? Wie kann ich die Nutzenseite verstärken? Welche unangenehmen Aufgaben kann ich abgeben?

Wie sabotiere ich mich selbst? Welche persönlichen Antreiber führen mich in den Stress? Wer verlangt von mir, noch mehr zu tun? Wie gelingt es mir, meine Antreiber im Zaum zu halten?

KOMPAKT

Ziele setzen und Zeit planen

Haben Sie schon mal ein Haus gebaut oder einen Urlaub geplant? Dann sind Sie sicher genauso wie viele andere vorgegangen: Zuerst gestalten Sie das Haus (oder den Urlaub) in Ihrer Vorstellung, dann planen Sie die Umsetzung im Detail, bevor Sie schließlich die erste Mauer hochziehen oder den Flug buchen. Wenden Sie diese drei Schritte auch auf Ihr Leben und Ihre Arbeit an:

1. Was soll in meinem Leben eine Hauptrolle spielen? Nach welchem Leitbild möchte ich arbeiten und leben? Wie sollte mein Leben verlaufen, sodass ich mit 75 Jahren zurückblicke und zufrieden damit bin?

2. Um das zu erreichen, fragen Sie sich: Was muss ich in meinem Leben beibehalten? Was ändern? Welche konkreten Schritte sind zu tun? Welche Zwischenziele kann ich definieren? Mit welchen Hindernissen muss ich rechnen? Wie werde ich mit Rückschlägen umgehen?

3. Wie sehen meine ersten konkreten Schritte aus? Wer kann mich bei der Umsetzung unterstützen? Woran erkenne ich, dass ich auf dem richtigen Weg bin?

Nutzen Sie Ihre Arbeitszeit sinnvoll

Erstellen Sie eine Liste mit all Ihren beruflichen Aktivitäten für jeden Tag einer Woche: E-Mails bearbeiten, Teilnahme an Meetings, Kundengespräche etc. Wie viel Zeit wenden Sie jeweils dafür auf? Halten Sie auch Zeitdiebe (ständig erreichbar sein, E-Mail-Flut ...) und Unterbrechungen fest.

Checkliste Kalenderblatt	
Montag	**Zeit**
Präsentation erstellen	2 Stunden
Mitarbeitergespräche führen	1 ½ Stunden
Kurzfristige Anfragen	½ Stunde
Abteilungsleitermeeting	1 Stunde
Pausen	½ Stunde
Kundenbesuche	3 Stunden

Jetzt haben Sie einen Überblick über Ihre täglichen Aktivitäten sowie den jeweiligen Zeitanteil. Prüfen Sie kritisch: Sind alle diese Aktivitäten für Ihren Erfolg maßgeblich?

Wichtig und dringend unterscheiden

Geben Sie den erfolgswirksamen Aktivitäten mehr Raum und Zeit. Das gelingt nicht, indem Sie noch härter und länger arbeiten, sondern indem Sie priorisieren. Dazu müssen Sie die Arbeiten erkennen, die wirklich wichtig sind, und die anderen loslassen.

Beachten Sie das Pareto-Prinzip: 80 Prozent des Ergebnisses erreichen **Sie in 20 Prozent der aufgewendeten Zeit.** Die restlichen 20 Prozent des Ergebnisses verursachen die meiste Arbeit und schlucken 80 Prozent der investierten Zeit.
Verbringen Sie nicht zu viel Zeit mit den Dingen, die nicht zu Ihrem Erfolg beitragen.

Verwenden Sie die nachfolgende Matrix, um zu unterscheiden, welche Aktivitäten für Ihren Erfolg essenziell sind. Tragen Sie Ihre täglichen Aktivitäten in den jeweiligen Quadranten ein.

	dringend	nicht dringend
wichtig	**Wichtig für meinen Erfolg mit Termindruck** Beispiele: • Angebot für Kunde X • Problem mit Z lösen • Bericht für GL erstellen	**Wichtig für meinen Erfolg ohne Termindruck:** Beispiele: • Team motivieren • Neuen Absatzmarkt eruieren • Erholungspausen
nicht wichtig	**Unproduktive Unterbrechungen** Beispiele: • einige Meetings • viele E-Mails • Unterbrechungen	**Zeitverschwendende Tätigkeiten** Beispiele: • sinnlose Statistiken führen • Geschäftigkeiten und Triviales

Abbildung 18: Aktivitäten-Matrix

Wenn es Ihnen gelingt, Ihren Tag sinnvoll zu strukturieren, dann nehmen die Tätigkeiten oben rechts (nicht dringend, aber wichtig) am meisten Zeit ein. Die Inhalte dieses Bereiches haben für die Erreichung Ihrer Ziele die größte Bedeutung und sollten mindestens 60 Prozent Ihrer Zeit beanspruchen.
Maximal 25 Prozent Ihrer Zeit sollten die Aktivitäten oben links (dringend und wichtig) beanspruchen. Halten Sie die Zeitanteile für nicht wichtige Aktivitäten, egal ob dringend oder nicht, so gering wie möglich.

In der Hektik des Alltags fällt es Führungskräften oft schwer zu unterscheiden, was Sie selbst erledigen müssen und was nicht. Der Autor Stephen R. Covey empfiehlt den Tag deshalb nicht im Hinblick auf Tätigkeiten und Verabredungen zu betrachten, sondern auf Menschen und Beziehungen.

Es geht nicht darum, wann Sie bestimmte Dinge tun, sondern wie und ob Sie sie überhaupt erledigen.

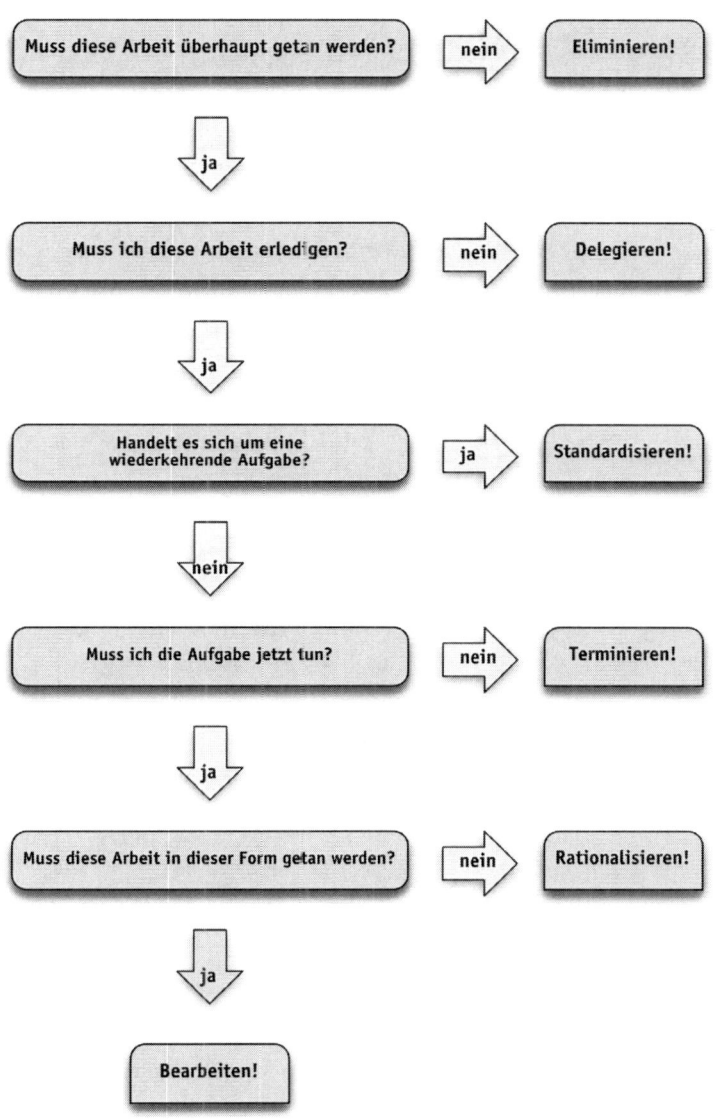

Abbildung 19: Aufgaben prüfen

Alles im Blick – ein rundes Leben

Jeder Lebensabschnitt birgt eigene Herausforderungen und Schwerpunkte. Als junge Führungskraft liegen die vermutlich vor allem in den Themen Beruf und Karriere. Achten Sie jedoch stets darauf, auch andere Lebensbereiche nicht dauerhaft zu vernachlässigen. Mit der folgenden Darstellung eines Lebenskreises erhalten Sie eine Übersicht über die Qualität Ihrer einzelnen Lebensbereiche. So können Sie Defizite erkennen und sehen auf einen Blick, welchen Aspekten Sie mehr Aufmerksamkeit schenken sollten.

Ihr Leben auf einen Blick

- Zeichnen Sie auf einem großen Blatt Papier zunächst einen Kreis und wählen Sie dann die Bereiche aus, die Ihnen in Ihrem Leben wichtig sind.
- Bewerten Sie jeden Bereich nach seinem aktuellen Erfüllungsgrad (0 = gar nicht gegeben, 5 = voll erfüllt) und kennzeichnen Sie dies in Ihrem Kreis.
- Gibt es Themen, denen Sie mehr Aufmerksamkeit schenken möchten? Dann setzen Sie sich für diese Lebensbereiche klare Ziele und planen Sie die ersten Schritte zur Umsetzung.

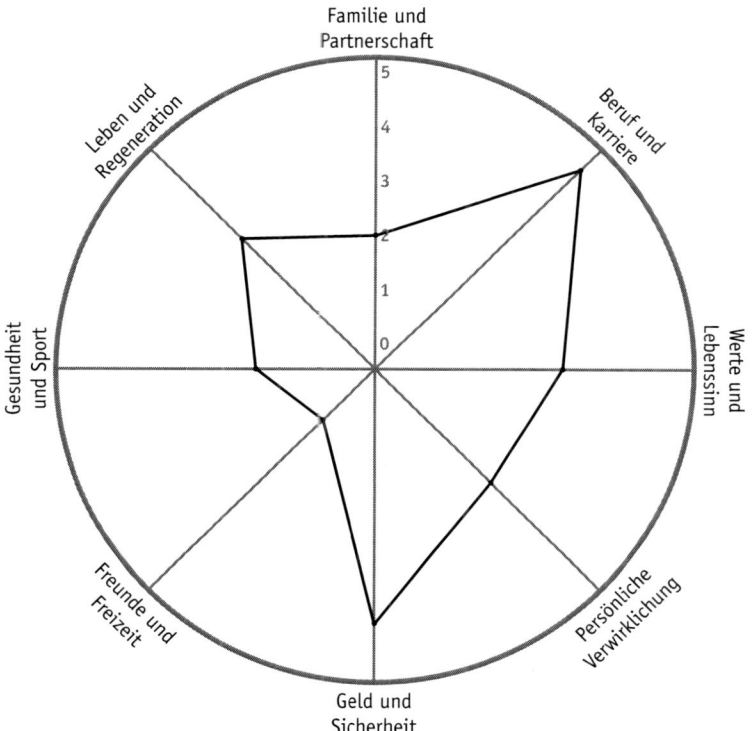

Abbildung 20: Beispiel eines Lebenskreises

4.4 Wie Sie lernen Entscheidungen zu treffen

»Die Notwendigkeit zu entscheiden reicht weiter als die Möglichkeit zu erkennen.«

Immanuel Kant

Egal ob berufliche oder private Belange: Das Leben fordert ständig Entscheidungen von uns. Oft fällt das schwer, weil jede Entscheidung Risiken birgt und die genauen Folgen nicht absehbar sind. Für Führungskräfte ist das Entscheiden die wichtigste Aufgabe. Darum werden sie auch gerne Entscheider genannt. Doch oft bedeutet entscheiden auch Risiken einzugehen und Konfliktsituationen zu bewältigen. Beides macht die Psyche nicht gerne. In unserer zunehmend komplexen Welt gibt es für Führende viele Entscheidungssituationen mit unsicherem Ergebnis. Eignen Sie sich eine professionelle Haltung zu Entscheidungen an. Akzeptieren Sie, dass unangenehme Entscheidungssituationen zu Ihrem Job gehören. Dazu gehören auch Fehlentscheidungen. Führungskräfte, die falsche Entscheidungen auf jeden Fall vermeiden wollen, entscheiden nicht. Oder sie setzen sich selbst unter einen enormen Druck, der das eigene Wohlbefinden gefährdet.

Die drei häufigsten Fehler beim Entscheiden

Führende gehen mit schwierigen Entscheidungssituationen sehr unterschiedlich um. Den einen Königsweg, um zu richtigen Entscheidungen zu kommen, gibt es nicht. Vermeiden Sie jedoch die folgenden Fehler, um Ihre Chancen für gute Entscheidungen zu stärken.

Aussitzen

Beispiel: Entscheidungsdilemma

Die Situation war komplex. Ihr Mitarbeiter wartete auf die Genehmigung seines Urlaubsantrags, der Kunde Paul GmbH auf die Zusage des Liefertermins und ihr Chef auf das neue Kundenbindungskonzept. Rosi Tauscher war ratlos. Sollte Sie den mündlich schon zugesagten Urlaub zurückziehen und riskieren, dass ihr Mitarbeiter dann sauer sein würde? Oder doch besser den Kunden und ihren Chef vertrösten? Am Ende entschied sie sich erst mal abzuwarten – in der Hoffnung, dass sich die Situation von selbst erledigen würde.

Viele Entscheidungssituationen führen nicht zu eindeutig positiven Ergebnissen. Auch Rosi Tauscher muss in dieser Situation Nachteile in Kauf nehmen – egal wie sie sich entscheidet. Lehnt sie den Urlaub ihres Mitarbeiters ab, wird dieser demotiviert, genehmigt sie ihn, können die Anforderungen des Kunden und ihres Chefs nicht erfüllt werden. Die Option ›nichts tun‹ ist übrigens auch eine Entscheidung. Sie wird oft aus Angst vor den Konsequenzen der anderen Entscheidungen getroffen.

Viele junge Führungskräfte neigen dazu, wichtige Entscheidungen auf die lange Bank zu schieben, um den damit verbundenen Risiken zu entgehen. Es gibt auch Fälle, in denen das klug ist: wenn noch wesentliche Aspekte ungeklärt sind und das Warten keine Nachteile birgt. Meist ist aber die Nichtentscheidung die schlechteste Entscheidung. Die Situation kann sich verschlimmern oder andere entscheiden am Ende für Sie.
Machen Sie sich von Anfang an klar: Sie können sich nicht nicht entscheiden!

TIPP

Übereilte Entscheidungen

Beispiel: Der Macher

Ludwig Reiser war unwohl zumute, als er seinem Chef unmittelbar zusagte, den neuen Bereich aufzubauen. Schließlich war er mit seiner bestehenden Aufgabe vollauf beschäftigt und Freizeit hatte er auch kaum. Andererseits war er bekannt dafür, zuzupacken und auch schwierige Aufgaben zu lösen. Diesen Ruf wollte er nicht gefährden, indem er dem Chef eine Absage erteilt.

Führungskräfte, die schnelle Entscheidungen treffen, werden häufig als Macher und entscheidungsstark wahrgenommen. Der Preis dafür ist jedoch hoch: Den Entscheidungen fehlt es an Gründlichkeit und das Risiko für Fehlentscheidungen wächst. Nach einer ruhigen und gründlichen Auseinandersetzung mit dem Problem ergeben sich häufig neue Einsichten und kreative Wege, das Problem zu lösen.

TIPP **Verwechseln Sie Blitzentscheidungen nicht mit Entscheidungsstärke. Wenn Sie zu schnellen Entscheidungen neigen, dann nehmen Sie sich bewusst zurück. Setzen Sie sich mit der Situation in Ruhe auseinander. Neue Aspekte und weitere Entscheidungsoptionen führen immer zu besseren Entscheidungen. Auch wenn am Ende die erste Impulsentscheidung gewählt wird.**

Reine Gefühlsentscheidungen

Beispiel: Der Gefühlsmensch

Das Kundenmeeting beendete er direkt mit einer Zusage der gewünschten IT-Leistungen. Samuel Lehner hatte ein gutes Gefühl: Der Neukunde war zufrieden und seine Kollegen würden das schon hinbekommen, wenn sie sich nur anstrengten. Die Technikkollegen fielen aus allen Wolken, als sie erfuhren, welche Leistungen die Spezifikationen des Kunden umfassten: »Dafür haben wir weder das Know-how noch die nötigen Mitarbeiter.«

Gegen unser Gefühl zu entscheiden ist sicher unklug. Als unbewusstes Navigationssystem schützt es uns vor Untiefen und schweren Fehlern. Es ist dabei deutlich schneller als unser Verstand und irrt weit seltener. Andererseits reicht für die richtigen Entscheidungen ein gutes Gefühl alleine nicht aus. Der große Nachteil an gefühlsmäßigen Entscheidungen: Wir können sie nicht überprüfen und verbessern!

Achten Sie bei wichtigen Entscheidungen immer auch auf Ihr Gefühl. Es unterstützt Sie, in kritischen Situationen zu schnellen Entscheidungen zu kommen. Nehmen Sie sich die Zeit, Ihre Gefühlsentscheidungen analytisch zu prüfen: Welche Argumente sprechen für und gegen die Entscheidung? Welche Risiken und Chancen sind mit der Entscheidung verbunden? Welche Alternativen bleiben unberücksichtigt? TIPP

Der Entscheidungsprozess in fünf Schritten

Gute Entscheidungen erhalter Sie, wenn Sie gezielt und nachvollziehbar vorgehen. Auch wenn sich später herausstellt, dass es eine bessere Entscheidung gegeben hätte: So können Sie den Entscheidungsweg nachvollziehen und begründen.

1. Was soll entschieden werden?

Häufig starten wir, ohne zu wissen, wo wir genau hinwollen. Nehmen Sie sich die Zeit, sich darüber klar zu werden, was eigentlich entschieden werden muss – auch wenn die Fragestellung scheinbar schon klar ist.

Beispiel: Kauf oder Leasing

Während Frauke Niebl die Angebote sichtete, kam ihr eine Idee: Für die Firma wäre es günstiger, die Maschine zu leasen. Ihre Aufgabe war es, Ersatz für die veraltete Maschine zu beschaffen. Automatisch ging sie davon aus, dass es sich um die Anschaffung einer neuen Maschine handeln würde. Jetzt stellten sich ganz neue Fragen: Soll die Maschine gekauft oder geleast werden? Muss sie neu sein oder tut es auch eine gebrauchte? Welche Hersteller kommen infrage?

Die intensive Auseinandersetzung mit dem Entscheidungsproblem wirft im Beispiel völlig unterschiedliche Fragen auf, die zu unterschiedlichen Ergebnissen führen. Klären Sie stets zuerst, auf welcher Ebene das Problem entschieden werden muss. Dabei gilt:

- Je allgemeiner das Problem angegangen wird, desto mehr Alternativen gibt es (zum Beispiel Aufrechterhalten der Produktion).
- Je spezifischer das Problem angegangen wird, desto schneller und leichter fällt die Entscheidung (zum Beispiel günstigstes Angebot für die Maschine X finden).

2. Welche Ziele verfolgen Sie?

Jede Entscheidung dient dazu, bestimmte Ziele zu erreichen. Individuell können diese Ziele höchst unterschiedlich sein. Werden mehrere Ziele gleichzeitig verfolgt? Dann kann es vorkommen, dass die Ziele sich gegenseitig ausschließen.

Beispiel: Softwarelösung

Tobias Reiter hat sich für die günstigste Logistik-Software entschieden. Schließlich enthält sie alle geforderten Funktionen und ist ausgereift. Was er übersehen hat, ist, dass sich seine Mitarbeiter weigern, mit der neuen Software zu arbeiten: »Viel zu kompliziert in der Anwendung. Wir bleiben bei der alten Software, auch wenn die weniger kann!«

In unserer Beratungspraxis erleben wir oft, dass Entscheidungen unter der Ausblendung bestehender Fakten getroffen werden. Tobias Reiter hat schlicht übersehen, dass die beste und günstigste Software nichts nützt, wenn die Mitarbeiter sie ablehnen. Statt ›Welche Software bietet das beste Kosten-Nutzen-Verhältnis?‹ hätte die Frage lauten sollen: ›Welche Software unterstützt uns am besten in unserer Arbeit?‹ Halten Sie schriftlich fest, welche Ziele Sie mit Ihrer Entscheidung verfolgen. Kennzeichnen Sie Neben- und Hauptziele und konzentrieren Sie sich auf letztere!

Mit den folgenden Fragen finden Sie sicher zu Ihren Zielen: TIPP

- **Wie sieht der Zustand aus, den Sie erreichen wollen? Welche Kriterien beschreiben ihn am treffendsten?**
- **Welche Rahmenbedingungen gibt es, die zu beachten sind? Etwa externe Vorgaben oder die Ziele anderer Personen.**
- **Passen die Ziele zu den strategischen Zielen des Unternehmens?**

3. Welche Entscheidungsoptionen haben Sie?

Je mehr Optionen Sie haben, desto besser wird die Entscheidung ausfallen. Vermeiden Sie es, sich zu früh auf eine Entscheidung festzulegen oder in der Kategorie ›schwarz – weiß‹ zu denken. Sammeln Sie alles, was Ihnen an Lösungsalternativen in den Sinn kommt. Vermeiden Sie es, in dieser Phase einzelne Aspekte zu bewerten.

4. Entscheiden Sie sich!

Wenn alle Optionen vorliegen, prüfen Sie, welche davon Ihren Zielen und Anforderungen am ehesten entspricht. Meist fällt die Entscheidung nun leicht, weil sich eine Option als die beste erweist. Ergibt die Bewertung keinen eindeutigen Favoriten? Dann bleibt Ihnen nichts übrig, als Fakten und Intuition erneut zu befragen und sich zu entscheiden.

TIPP **Als Führungskraft sind Sie Entscheidungsträger. Akzeptieren Sie, dass jede Ihrer Entscheidungen mit Risiken verbunden ist. Eine sorgfältige Auseinandersetzung mit den Hintergründen und Zielen kann das Risiko reduzieren, aber nie eliminieren. Nullrisiko würde bedeuten, nicht zu entscheiden. So wie Sie das Risiko eines Verkehrsunfalls nur dadurch auf Null senken, indem Sie zu Hause bleiben.**

5. Prüfen Sie die Zielerreichung

Analysieren Sie in der Rückschau Ihre Entscheidungen. Mit einer ehrlichen Reflexion haben Sie die Chance, Ihre Entscheidungsfähigkeit zu verbessern.

- Inwiefern habe ich meine Hauptziele erreicht? Welche Abweichungen nach oben oder unten gibt es?
- Wie weit stimmten meine Prognosen? Welche Aspekte habe ich übersehen?

- Welche Gründe gibt es für die Abweichungen?
- Lag ich mit meiner Intuition richtig?
- Würde ich die gleiche Entscheidung wieder treffen? Wenn nein – wie würde meine Entscheidung heute ausfallen?

Schnell und sicher entscheiden mit Intuition und Verstand

In Ihrem Führungsalltag werden Sie immer wieder Situationen erleben, die Ihnen einerseits keine Zeit für ausführliche Analysen lassen, aber andererseits eine schnelle und klare Entscheidung abverlangen. Nutzen Sie hier die Signale Ihres Unterbewusstseins – Ihre Intuition. Sie nährt sich aus Ihren Erfahrungen und Instinkten. Als rationale Menschen sind die meisten von uns trainiert, diese Signale zu negieren. Schließlich ist ihre Herkunft unbekannt und wir können keine fachlichen Beweise anführen. Unsere Intuition ist trotzdem ein wertvoller Ratgeber, der uns in vielen Situationen gute Dienste erweist, gerade weil sie nicht bewusst gesteuert wird. Gewöhnen Sie sich an Ihre Gefühle wahrzunehmen und zu erforschen.

Beispiel: Warum möchte ich mit dem neuen Geschäftspartner kein Projekt machen? Welche Signale lösen bei mir negative Assoziationen aus? Ist das ein Zufall oder lohnt es sich nachzuforschen? Haben Sie beispielsweise mit sehr forschen extravertierten Partnern in der Vergangenheit schlechte Erfahrungen gemacht und ist Ihr neuer Geschäftskontakt ein Mensch mit genau so einem Typus, dann könnte das der Grund für Ihr schlechtes Bauchgefühl sein.

Beispiel: schnelle Zusage bei Bewerbungen

Im Bewerbungsgespräch hat Manfred Denk einen super Eindruck hinterlassen. Auch sein Lebenslauf und die Zeugnisse sprechen für ihn. Trotzdem würde Norbert Fischer lieber die Gespräche mit den anderen Kandidaten abwarten, bevor er sich für ihn entscheidet. Manfred Denk drängt jedoch auf eine schnelle Entscheidung: »Gerne würde ich bei Ihnen anfangen. Ich bräuchte nur bis Montag eine Zusage, da ich noch andere Angebote vorliegen habe.«

Eine rein rationale Entscheidung würde für Norbert Fischer bedeuten, alle Bewerber zu sichten und den am besten geeigneten auszuwählen. Hier aber muss er sich sofort entscheiden, obwohl noch relevante Informationen fehlen. Eine Kombination aus Intuition, Faktenanalyse und Entscheidungsstrategie kann Ihnen helfen, zu schnellen und trotzdem sicheren Entscheidungen zu kommen.

Entscheiden mit Intuition und Verstand

Auf das obige Beispiel angewendet, könnte die Entscheidungsfindung für Norbert Fischer wie folgt aussehen:

- Sein Bauchgefühl rät ihm dazu, Manfred Denk einzustellen.
- Er wägt die damit verbundenen Risiken ab: Ein besserer Kandidat könnte abgelehnt werden, die Personalabteilung mit dem Vorgehen nicht einverstanden sein, Herr Denk könnte die Erwartungen enttäuschen, ...
- Die Risiken erscheinen ihm akzeptabel.
- Er entscheidet sich dazu, Manfred Denk einzustellen und ein schnelles Angebot zu unterbreiten. Schließlich kann er die Probezeit nutzen und sich von Herrn Denk wieder trennen, falls sich die Entscheidung als Fehler erweist.

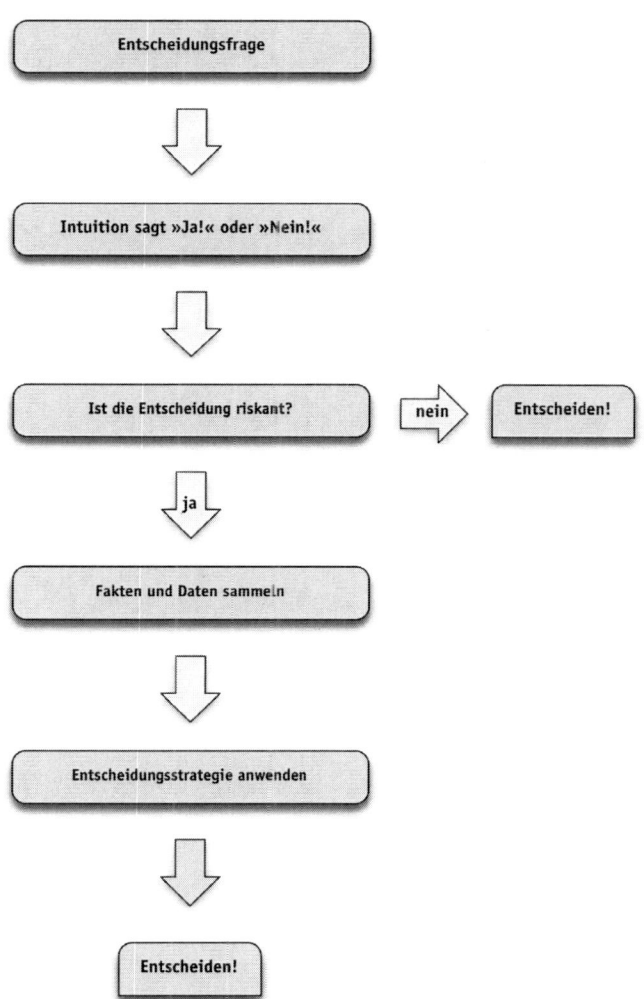

Abbildung 21: Schnelle und sichere Entscheidungen mit Intuition und Verstand

Vertiefungsliteratur zum Kapitel IV

Nöllke, Matthias (2010): Entscheidungen treffen. Schnell, sicher, richtig. Haufe-Lexware, Freiburg.

Covey, Stephen R. (2005): Die 7 Wege zur Effektivität. Prinzipien für persönlichen und beruflichen Erfolg. Gabal, Offenbach.

Collins, Jim (2011): Der Weg zu den Besten. Die sieben Management-Prinzipien für dauerhaften Unternehmenserfolg. Campus Verlag, Frankfurt am Main.

von Cube, Felix (1997): Lust an Leistung. Die Naturgesetze der Führung. Piper, München.

Mourlane, Denis (2014): Resilienz. Die unentdeckte Fähigkeit der wirklich Erfolgreichen. BusinessVillage, Göttingen.

Frey, Markus (2013): Den Stress im Griff. Machen Sie den Stress zu Ihrem besten Helfer. BusinessVillage, Göttingen.

Führungsalltag meistern – Herausforderungen bewältigen

»Auch aus Steinen, die einem in den Weg gelegt werden, kann man was Schönes bauen.«

Johann Wolfgang von Goethe

Die Anforderungen an Chefs haben sich in den letzten zwanzig Jahren radikal gewandelt. Eine zunehmende Globalisierung, beschleunigte Veränderungen und die wachsende Vernetzung führen zu einer immer weiter steigenden Komplexität unserer Arbeitswelt. Auch die Erwartungen der Mitarbeiter und Unternehmenseigentümer an die Führungskräfte steigen damit. Schließlich reicht es heute nicht mehr aus, Arbeit zu verteilen und Lob oder Tadel auszusprechen. Motivierte und eigenverantwortlich handelnde Mitarbeiter sind so nicht zu begeistern. Die brauchen Sie aber, um Ihre anspruchsvollen Ziele zu erreichen.

Neben den in Kapitel 2 *Führungspersönlichkeit entwickeln* beschriebenen persönlichen und sozialen Kompetenzen ist ein professioneller Umgang mit dem Führungshandwerkszeug die Basis jeder guten Führungskraft. Auch die charismatischste Führungskraft kommt nicht daran vorbei, Aufgaben zu delegieren, Fehlverhalten zu kritisieren und Konflikte zu klären – oft schon während der ersten hundert Tage. Lernen Sie in diesem Kapitel die wichtigsten Führungswerkzeuge und deren professionelle Anwendung in unterschiedlichen Situationen kennen. Beachten Sie bitte Folgendes: So wie es Ihnen nie gelingen wird, schwimmen zu lernen, ohne dabei nass zu werden, können Sie sich die Führungsinstrumente nur im tatsächlichen Anwenden aneignen. In einem Führungstraining oder Coaching können Sie die wichtigsten Führungsinstrumente in einem geschützten und fehlertoleranten Rahmen ausprobieren.

5.1 Im Spannungsfeld der Erwartungen – Sicherheit in der Sandwichposition

In unseren Führungstrainings stoßen wir immer wieder auf ein interessantes Phänomen: Die Führungskraft bringt überdurchschnittlich hohe fachliche und soziale Kompetenzen mit, ist sich aber unsicher darüber, was genau von ihr erwartet wird. Aus der Arbeitsplatzbeschreibung gehen zwar Aufgaben und Tätigkeiten hervor, nicht aber die Erwartungen meiner Chefs, Mitarbeiter und Kollegen. Das Bündel all dieser Erwartungen definiert Ihre Rolle als Führungskraft. Deshalb ist die Auseinandersetzung mit deren Erwartungshaltungen so wichtig.

Die folgenden Fragen helfen Ihnen dabei, mehr über die Erwartungen Ihrer Mitarbeiter und Vorgesetzten zu erfahren:

TIPP

Zu Ihrem Mitarbeiter: »Was genau müsste eigentlich passieren, damit Sie am Ende des Jahres sagen, die neue Führungskraft hat ihren Job richtig gut gemacht?

Zu Ihrem Chef: »Bevor ich mit meiner neuen Aufgabe loslege, würde mich interessieren, was geschehen soll, damit Sie in einem Jahr sagen, das war genau die richtige Entscheidung, mich für diese Aufgabe auszuwählen?«

Setzen Sie sich so früh wie möglich mit Ihrer neuen Rolle auseinander. Idealerweise beginnt die Rollenklärung bereits bevor Sie die neuen Aufgaben übernehmen. Ihre Rolle wird sich immer auch an der Kultur des Unternehmens orientieren müssen. Es macht einen großen Unterschied, ob Sie in einem stark hierarchisch geführten Umfeld arbeiten oder in einer Organisation mit großen Freiheiten und eher diffusen Entscheidungsprozessen. Ein jeweils entgegengesetztes Rollenverständnis und -verhalten birgt zumindest hohes Konfliktpotenzial. Nicht falsch verstehen – Ziel ist es nicht, dass Sie sich als junge Führungskraft bedingungslos an herrschende Traditionen anpassen. Vielmehr gilt es, selbstbewusst und authentisch die neue Rolle auszufüllen.

Traditionelle Führungsrollen

In traditionellen Unternehmen treffen wir häufig auf klare, von oben nach unten geschichtete Organisationsstrukturen. Die Hierarchieebenen zeigen eindeutig, wer was zu sagen und zu entscheiden hat. Wenn Sie in einer solchen Struktur die erste Führungsstufe erklommen haben, kann das folgende Rollenmodell des Managementtheoretikers Henry Mintzberg nützlich sein. Es liefert mit zehn Rollen in drei Kategorien einen hilfreichen Ansatz für Führungskräfte.

Kategorie		
Moderator der zwischenmenschlichen Beziehungen	Informationsmanager	Entscheider
Rollen		
Repräsentant	Beobachter	Unternehmer
Vorgesetzter	Vermittler	Konfliktlöser
Verbinder	Sprecher	Ressourcenzuteiler
		Verhandler

Jede dieser Rollen erfordert unterschiedliche Kompetenzen. Gleichen Sie Ihre vorhandenen Kompetenzen mit den Anforderungen kritisch ab. So wissen Sie, wo Ihre Entwicklungsfelder sind, und können gezielt daran arbeiten.

Rolle	Beschreibung
Repräsentant	Als Spitze der Abteilung vertreten Sie das Team sowie die Aufgaben und Leistungen nach außen.
Vorgesetzter	Diese Rolle beschreibt die hierarchische Beziehung zu Ihren Mitarbeitern. Befugnisse (wie Weisungen erteilen), aber auch Pflichten (wie die Schaffung eines förderlichen Arbeitsumfeldes) sind Bestandteil dessen.
Verbinder	Als Führungskraft stellen Sie das Bindeglied zwischen den höheren Hierarchiestufen, den eigenen Mitarbeitern und anderen Abteilungen dar.
Beobachter	Sie sammeln Informationen und Wissen, auch über den eigenen Verantwortungsbereich hinaus, um auf dem Laufenden zu sein und Entscheidungen fundiert treffen zu können.
Vermittler	Durch die gezielte Weitergabe von Informationen an Personen, für die dieses Wissen relevant ist, schaffen Sie Transparenz und sorgen dafür, dass alle das gleiche Ziel im Blick haben.
Sprecher	Abteilungsziele und -belange gegenüber Nachbarabteilungen und anderen Ebenen zu vertreten, obliegt Ihnen als Sprecher des Teams.
Unternehmer	Neue Chancen zu entdecken, vorausschauend zu denken und über den Tellerrand zu schauen, sind Erwartungen, die an Sie als Unternehmer im Unternehmen gestellt werden.
Konfliktlöser	Konflikte sind im Führungsalltag eher die Regel als die Ausnahme. Sie zwischen Menschen und Abteilungen frühzeitig zu erkennen und aktiv lösen zu können, ist deshalb eine der wichtigsten Führungskompetenzen.

Rolle	Beschreibung
Ressourcenzuteiler	Auch innerhalb von Unternehmen gibt es Wettbewerb. Ein verantwortungsvolles und wirtschaftlich sinnvolles Ausbalancieren der knappen Ressourcen (Mitarbeiter, Geld, Zeit etc.) ist Ihre Aufgabe als Führungskraft.
Verhandler	Als Verhandler repräsentieren Sie die Organisation gegenüber anderen Verhandlern wie Kunden oder Zulieferern.

Von neuen Führungskräften wird eher selten verlangt, all diese Rollen von Anfang an auszufüllen. Sie sollten jedoch wissen, welche Rollen mit Ihrer Aufgabe konkret verbunden sind.

Beispiel: Führung auf Distanz

Jens Baumann leitet die Entwicklungsabteilung eines IT-Dienstleisters. Alle seine Mitarbeiter sind ausgewiesene Experten in ihrem Gebiet und über Europa verteilt. Das Team trifft sich alle zwei Monate an einem anderen Standort. Bei einem dieser Treffen stellt Jens Baumann fest, dass ein wichtiges Projekt stockt, weil den Mitarbeitern die Verantwortlichkeit für wichtige Arbeitspakete unklar ist.

Jens Baumann ist als Führungskraft vor allem in den Rollen ›Verbinder‹, ›Vermittler‹ und ›Ressourcenzuteiler‹ gefordert, um seine Mitarbeiter mit dem nötigen Wissen auszustatten und sie arbeitsfähig zu halten. Eher zweitrangig ist für ihn die Rolle des ›Vorgesetzten‹, da die Führung über räumliche Distanz hinweg vor allem auf Vertrauen und Selbstverantwortung der Mitarbeiter basiert.

Der Chef als Gastgeber

In jungen, dynamisch wachsenden Unternehmen stößt das herkömmliche Rollenmodell der Führungskraft des modernen Zehnkämpfers, der nebenher eine Fußballmannschaft trainiert sowie Schachgroßmeister ist, an seine Grenzen. Junge Organisationsformen mit flachen Hierarchien, hoch spezialisierten Mitarbeitern, und kontinuierlichen Veränderungsprozessen sind deshalb erfolgreich, weil sie schnell und innovativ sind. Getragen werden sie von Mitarbeitern die Verantwortung übernehmen, in hohem Maße spezialisiert sind sowie eigenverantwortlich entscheiden. Eine traditionelle, von oben nach unten funktionierende Führung wird hier zum Engpass. Wenn der Chef der Held ist, der alles entscheidet, die Verantwortung trägt und jedes Problem löst, stellt sich die Frage: Wer sind dann die Mitarbeiter? Hilfsbedürftige Statisten?

In vielen, vor allem jungen Unternehmen wird eine Kultur gelebt, die von flachen Hierarchien, einem partnerschaftlichem Miteinander auf Augenhöhe und der Verantwortungsübergabe auf jeden Einzelnen geprägt ist. Ein passendes Rollenselbstverständnis für dieses Umfeld liefert der Brite Mark McKergow. Seine These: »Gute Führungskräfte agieren wie gute Gastgeber.«

Als Gastgeber geht es darum, Menschen zusammenzubringen und ihnen eine gute Zeit zu bieten, indem auf ihre Bedürfnisse eingegangen wird. Führungskräfte mit diesem Anspruch werden am Ende zufriedene und damit motivierte und eigenverantwortliche Mitarbeiter bekommen.

Die sechs Rollen der ›gastgebenden‹ Führungskraft (nach Mark McKergow, 2013)	
Rolle	**Aufgaben**
Initiator – eröffnen	Geforderte Projekte identifizieren und die ersten Schritte initiieren.
Inviter – einladen	Die Menschen zur Beteiligung einladen und Interesse für die Sache wecken.
Space creator – ermöglichen	Schafft die Rahmenbedingungen für Leistungen und sorgt für eine gute Atmosphäre.
Gatekeeper – integrieren	Die Menschen und Themen ins Team integrieren und (wenn nötig) auch verabschieden.
Connector – verbinden	Beziehungsmanagement auf drei Ebenen: (1) gestaltet seine Führungsbeziehung zu den Mitarbeitern, (2) bringt die Mitarbeiter untereinander in Kontakt, (3) erkennt und nutzt alle weiteren Beziehungen.
Co-participator – teilnehmen	Nimmt die Rolle im Team ein, die gerade gefordert ist, ob als Teamleiter oder als normales Teammitglied.

Souveräne Gastgeber schaffen den Rahmen für gute Begegnungen. Sie betreten die Bühne zur Eröffnung, geben Impulse und nehmen sich zurück, wenn es gut läuft. Als Führungskraft können Sie vieles davon übernehmen: Bringen Sie Menschen und Themen zusammen, erzeugen Sie Begeisterung für die Herausforderungen, übertragen Sie Freiräume und Verantwortung, nehmen Sie sich zurück, wo Mitarbeiter Initiative zeigen, und bieten Sie Unterstützung an, wenn es hakt.

KOMPAKT

Mit dem Rollenverständnis definieren Sie auch Ihren individuellen Führungsstil. Neben den unterschiedlichen Erwartungen gilt es, die eigenen Überzeugungen deutlich zu machen. Nur so gelingt es Ihnen, sicher und authentisch die Führungsrolle einzunehmen.

Machen Sie sich Ihre Prägungen und Überzeugungen bewusst.

- Haben Sie ein Führungsvorbild? Was genau macht diese Person aus? Welche Werte und Haltungen prägen Ihr Führungshandeln?
- Wann haben Sie zuletzt schlechtes Führungshandeln erlebt? Was hat diese Führung schlecht gemacht? Welche Auswirkungen hatte diese Führung?
- Was ist Ihnen beim Thema Führung wichtig? Weshalb sind Sie Führungskraft geworden?
- Wenn in zwanzig Jahren über Sie als Führungskraft im Unternehmen geredet wird – was möchten Sie, dass man über Sie berichtet?

Umgang mit gegensätzlichen Erwartungen

Als junge Führungskraft sind Sie sicher bestrebt alles richtig zu machen, oder? Dazu gehört es auch, den Erwartungen der Chefs und Mitarbeiter gerecht zu werden. Schließlich wollen Sie, dass alle Seiten zufrieden mit Ihnen sind. Genau hier beginnt das Dilemma: Sie werden oft mit Erwartungen konfrontiert werden, die einander ausschließen. Häufig erleben wir junge Führungskräfte, die dann in eine Art Schockstarre verfallen.

Beispiel: Vom Kollegen zum Chef

Nach sieben Jahren als Sachbearbeiter in der Kundenbetreuung steigt Julius Buchner zum Teamleiter auf. Einige seiner Mitarbeiter sind enge Freunde, mit denen er auch seine Freizeit verbringt. Der Abteilungsleiter überträgt ihm die neue Aufgabe mit den Worten: »Herr Bucher, Sie bringen den Laden jetzt wieder auf Vordermann. Die Disziplin Ihrer Kollegen hat ja in den letzten Monaten ganz schön gelitten!«

Verschaffen Sie sich zunächst einen genauen Überblick, um dann strukturiert und sicher Ihren Platz zu finden.

Checkliste Gesprächsleitfaden		
Schritte	Mit den Mitarbeitern	Mit dem Abteilungsleiter
Erwartungen klären. Unangenehmes und Vermutungen direkt ansprechen.	»Ich vermute, dass ihr euch wünscht, unser Verhältnis bleibt so, wie es war, richtig?«	»Was heißt das im Detail für mich? Woran würden Sie erkennen, dass ich den Laden auf Vordermann gebracht habe?«
Grenzen setzen und Klarheit in den Beziehungen herstellen.	»Auch ich wünsche mir ein weiterhin gutes Verhältnis mit euch. Folgendes ändert sich mit meiner neuen Rolle: ... Ich bitte euch, das zu berücksichtigen.«	»Mir ist eine vertrauensvolle Beziehung zu allen Mitarbeitern wichtig. Die möchte ich gleich zu Beginn meiner neuen Aufgabe nicht gefährden. Deshalb habe ich folgende Bitte: ...«
Feedback einholen.	»Wie nehmt ihr mich in der neuen Rolle wahr? Welche Veränderungen, negativ wie positiv, stellt ihr an mir fest?«	»Wie sehen Sie meine Positionierung im Unternehmen/ in der Abteilung? Welche Schritte zur Weiterentwicklung würden Sie mir raten?«

Eine gewisse Unsicherheit zu Beginn ist normal und trifft jede neue Führungskraft. Nehmen Sie sich Zeit, um in die neue Rolle hineinzuwachsen. Vermeiden Sie vorschnelle und unüberlegte Aktionen. Die können genauso problematisch sein wie nichts zu tun. Weder mit demotivierten Mitarbeitern (weil sie diszipliniert wurden) noch mit einem unzufriedenen Chef (weil seine Vorstellungen nicht umgesetzt werden) kommen Sie am Ende weiter.

5.2 Motivation – Lust an Leistung

»Mit einer hoch motivierten Mannschaft, die auf alten Maschinen in einer Bruchbude arbeitet, erreicht man mehr als mit einer unmotivierten Gruppe, die über modernste Maschinen und Gebäude verfügt.«

Reinhold Würth

Sind Sie ein guter Motivator und deshalb Führungskraft geworden? Was macht eine motivierende Führungskraft eigentlich aus? In keinem Führungsthema halten sich Mythen und Irrglauben hartnäckiger als in der Motivation. Dabei ist es recht einfach: Ihre Aufgabe als Führungskraft ist es vor allem, Demotivation zu vermeiden! Jeder Mensch hat ein natürliches Bedürfnis nach Wirksamkeit und ist bereit dafür Leistung und Einsatz zu bringen. Geschieht das nicht, ist meist eine demotivierende Situation die Ursache.

Beispiel: Äußere Anreize

In den Kaffeepausen werden sarkastische Witze über den Vorstand gemacht, Sonderaufgaben werden nicht mehr freiwillig übernommen und die Mitarbeiter kritisieren die Zusammenarbeit mit den Kollegen. Max Mehlig ist ratlos. Als neuer Teamleiter hat er die Prozesse der Abteilung verbessert und gestrafft. So gelang es, die Fehlerquote deutlich zu senken. Dafür hat jedes Teammitglied einen Bonus von 5 Prozent bekommen.

Offensichtlich wiegen für Max Mehligs Mitarbeiter die demotivierenden Faktoren der Veränderung schwerer als die finanzielle Anerkennung. Gut möglich, dass die Mitarbeiter unzufrieden mit den neuen Prozessen sind.

Motivation oder Hygiene?

Der Arbeitswissenschaftler Frederick Herzberg unterscheidet die Einflussfaktoren der Zufriedenheit in Motivatoren und Hygienefaktoren. Das Fundament bilden die Hygienefaktoren, sind sie nicht gegeben, können Motivatoren erst gar nicht wirksam werden (wie jedes Haus ein stabiles Fundament benötigt). Hygienefaktoren müssen für die Grundzufriedenheit erfüllt sein, eine Übererfüllung (dickeres Fundament) führt jedoch nicht zu einer höheren Zufriedenheit.

Motivatoren	Hygienefaktoren
Arbeitsinhalte	Entlohnung
Anerkennung	Sicherheit
Verantwortung	Betriebsklima
Persönliche Weiterentwicklung	Firmenpolitik
Leistung und Erfolge	Arbeitsbedingungen
Wachstum und Aufstieg	Einfluss auf Privatleben

Ihre Aufgabe als Führungskraft ist es, zu begeistern und zu motivieren. Doch können Sie überhaupt auf alle oben aufgeführten Faktoren Einfluss ausüben?

Motivation von außen oder innen?

Wenn die Arbeitsinhalte zu den wichtigsten Motivatoren zählen, braucht es eine Übereinstimmung der persönlichen Ziele des Mitarbeiters mit den Zielen seiner Aufgabe. Die ist im besten Fall gegeben. Wenn nicht, kann der Mitarbeiter sie nur selbst herstellen. Es sei denn, Sie sind in der Lage, Ihrem Mitarbeiter Aufgaben zu übertragen, die ihn wirklich begeistern. Ist diese Übereinstimmung gegeben, wirkt sie nachhaltig und fördert eigenverantwortliches und motiviertes Handeln. Dann ist

Ihre Aufgabe als Führungskraft nur noch, für die Hygienefaktoren zu sorgen und Demotivation zu vermeiden.

Beispiel: Selbstmotivation

Nach seiner Berufsausbildung arbeitet Daniel Gruber in der Schadens-abwicklung einer Versicherung. Weder erfüllt ihn die Arbeit dort mit Zufriedenheit noch sieht er für sich eine langfristige Perspektive im Unternehmen. Über Freunde ist er als ehrenamtlicher Helfer zum Roten Kreuz gekommen. Dort hat er eine Ausbildung zum Rettungshelfer absolviert und übernimmt in seiner Freizeit begeistert jeden Bereitschaftsdienst.

Eine Motivation für die Arbeit beim Roten Kreuz von außen gibt es für Daniel Gruber nicht. Weder bekommt er als Helfer eine angemessene Entlohnung noch bietet die Arbeit in irgendeiner Form Sicherheit. Im Gegenteil: Die Arbeit kostet ihn einen großen Teil seiner Freizeit und Energie. Es muss also die Zufriedenheit und Freude an der Tätigkeit selbst sein, die ihn antreibt.

Selbstmotivation fördern

»Wenn das so ist, kann ich als Führungskraft von außen ja gar nicht motivieren, oder?« Ja und Nein! Ohne Beteiligung Ihres Mitarbeiters und ein eigenes Interesse wird es nicht klappen. Ihre Aufgabe ist es, Ihren Mitarbeiter so zu führen und die Rahmenbedingungen so zu gestalten, dass Selbstmotivation möglich wird.

Nachhaltige Mitarbeitermotivation	
Was?	**Wie?**
Autonomie, Anerkennung und Vertrauen	Durch häufiges Feedback zur geleisteten Arbeit, ein positives Menschenbild und Respekt fühlen sich Ihre Mitarbeiter ernst genommen.
Herausfordernde Ziele	Anspruchsvolle und attraktive Ziele, die Ihren Mitarbeiter herausfordern, aber nicht überfordern.
Wissen und Informationen	Versorgen Sie Ihre Mitarbeiter mit dem nötigen Wissen, um die Prozesse im Unternehmen zu verstehen und sich mit eigenen Gedanken und Vorschlägen einbringen zu können.
Langfristige Förderung	Fördern Sie Ihren Mitarbeiter permanent. Zeigen Sie, dass Sie an seine Fähigkeiten glauben, und entwickeln Sie gemeinsam langfristige Entwicklungspläne.

In unserer Beratungspraxis treffen wir immer wieder auf Menschen, die lustlos und nörgelnd ihrer Arbeit nachgehen, obwohl ihr Arbeitsumfeld motivierend und positiv ist. Wenn auch Sie feststellen, dass Sie einzelne Mitarbeiter nicht erreichen, ist das normal. Nehmen Sie demotivierte Mitarbeiter nicht persönlich. Eventuell liegen die Ursachen in der Vergangenheit oder im privaten Umfeld. Schließlich sind Sie für familiäre Probleme oder Verletzungen durch Ihren Vorgänger nicht verantwortlich.

TIPP ›Nicht geschimpft ist genug gelobt!‹ In einer solchen Kultur ist es nicht verwunderlich, wenn die Mitarbeiter ihr Gehalt als Schmerzensgeld bezeichnen. Hinter der Forderung nach einem höheren Gehalt steht oft der Wunsch nach mehr Wertschätzung. Ihre Mitarbeiter wollen, dass ihr Engagement und ihre Leistung wahrgenommen werden. Reden Sie mit Ihren Mitarbeitern über deren Einsatz und Ergebnisse so oft wie möglich.

Alles im Flow

»Das Glück ist nicht mehr als die Abwesenheit von Langeweile.«

Arthur Schopenhauer

Anhand verschiedener Risikosportarten hat der emeritierte Psychologieprofessor Csikszentmihalyi die absolute Vertiefung und das Aufgehen in einer Tätigkeit erforscht. Die völlige Selbst- und Zeitvergessenheit, von der Sportler berichten, wenn sie komplett in ihrer Herausforderung aufgehen, bezeichnet er als Flow. Auch Berufsgruppen wie Chirurgen oder Piloten beschreiben einen Flow-Zustand, wenn sie ihre Arbeit als besonders spannend und intensiv erleben. Um mit einer Aktivität ein Flow-Erleben zu verbinden, müssen drei Voraussetzungen erfüllt sein:

- Die Aktivität bietet eine unmittelbare Rückmeldung und hat ihre Zielsetzung in sich selbst – sie wird vor allem als Selbstzweck betrieben.
- Der Mensch bündelt seine ganze Konzentration voll auf die Aktivität.
- Die Anforderungen führen weder zu Überforderung noch zu Langeweile – die Anforderungen der Aktivität und die Fähigkeit stehen in einem ausgewogenen Verhältnis. Die Tätigkeit findet im Flow-Kanal statt.

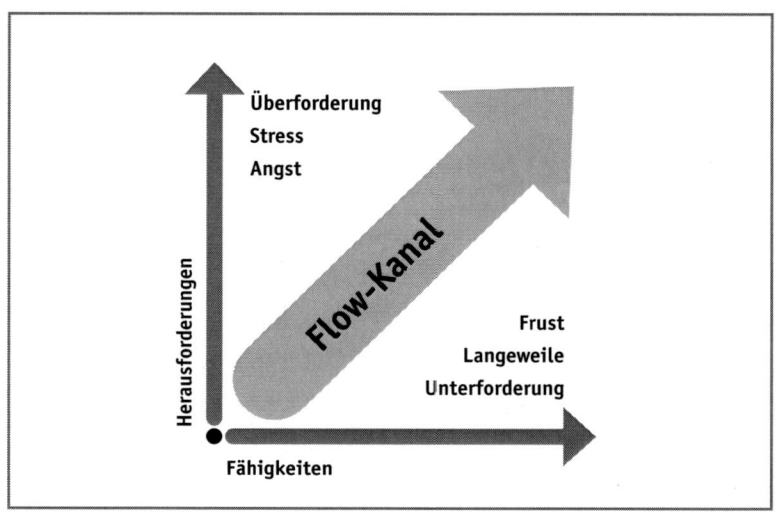

Abbildung 22: Motivation findet im Flow-Kanal zwischen Über- und Unterforderung statt

Die Arbeit muss herausfordernd sein

Arbeitet Ihr Mitarbeiter im Flow-Kanal, so wird seine Motivation kaum noch zu steigern sein. Eine exakte Einschätzung der Fähigkeiten Ihres Mitarbeiters ist dazu die Basis. Und natürlich muss die Arbeit selbst anspruchsvoll sein, so wie ein Problem für den Wissenschaftler, die komplizierte Operation für den Chirurgen oder der neue Markt für den Verkäufer. Arbeiten wie die Ablage sortieren oder die Werkstatt kehren lassen keine Flow-Erlebnisse zu.

- Wie schätze ich die individuellen Fähigkeiten meines Mitarbeiters ein?
- Wann erlebe ich meinen Mitarbeiter als besonders engagiert und begeistert?
- Welche persönlichen Motive und Ziele hat mein Mitarbeiter?
- Kennt mein Mitarbeiter die Unternehmens- und Abteilungsziele? Wie ist seine Haltung dazu?
- Wie kann ich meinen Mitarbeiter in seiner persönlichen und beruflichen Entwicklung unterstützen?
- In welcher Form und wie oft vermittle ich meinem Mitarbeiter gezielt Anerkennung für seine Leistungen?
- Welche Freiräume und Kompetenzen kann ich dem Mitarbeiter übertragen? Was braucht mein Mitarbeiter, um diese zu nutzen?
- Welche Unterstützung kann ich meinem Mitarbeiter anbieten?
- Was bräuchte ich in der Situation des Mitarbeiters, um motiviert zu arbeiten?

Das Schaffen eines angenehmen Arbeitsumfeldes verwechseln viele Führungskräfte mit dem Schützen ihrer Mitarbeiter vor Unannehmlichkeiten. Häufig erleben wir konfliktträchtige und demotivierte Teams, gerade weil deren Chefs sich alle Mühe geben, ihre Mitarbeiter zu schonen. Anspruchsvolle Arbeiten übernehmen sie selbst und bei Hilfegesuchen bieten Sie nicht nur Unterstützung an, sondern lösen das Problem unmittelbar. So verhindern sie die persönliche Weiterentwicklung und Erfolgserlebnisse bei ihren Mitarbeitern.

Motivation ist das Ergebnis guter Führungsarbeit – nicht Selbstzweck! Nehmen Sie Ihre Aufgabe und Verantwortung gegenüber den Mitarbeitern ernst! Klären Sie Ungerechtigkeiten, interessieren Sie sich für jeden Einzelnen, hören Sie zu, binden Sie ein, informieren Sie Ihre Mitarbeiter offen und ehrlich, erkennen Sie Leistungen an und vor allem: Nehmen Sie sich Zeit für Gespräche. Ihre Mitarbeiter werden es Ihnen durch Engagement und Leistungsbereitschaft danken.

TIPP

5.3 Delegation – Vertrauen leben, loslassen können

Ihr Erfolg als Führungskraft hängt direkt von den Arbeitsergebnissen Ihrer Mitarbeiter ab. Sehr wahrscheinlich haben Sie bisher selbst hervorragende Ergebnisse produziert, sonst wären Sie kaum Führungskraft geworden. Machen Sie sich bewusst, dass Ihre eigene Fachkompetenz, gute Ergebnisse zu erzielen, in Zukunft nicht mehr reicht. Nur mit kompetenten und verantwortlich handelnden Mitarbeitern können Sie auf Dauer erfolgreich sein. Das Instrument Delegation spielt hierfür eine Schlüsselrolle. Wenn Sie richtig delegieren, gelingt es Ihnen, gleichzeitig anspruchsvolle Abteilungsziele zu erreichen und Ihre Mitarbeiter zu fördern und zu motivieren.

Beispiel: Fachkraft oder Führungskraft?

Nach acht Jahren in der internen Revision ist Edgar Schmitz endlich zum Abteilungsleiter Revision befördert worden. Schließlich hat er all die Jahre mit hohem Einsatz bewiesen, dass ihm fachlich niemand das Wasser reichen kann. Die ersten Monate laufen prima. Die Geschäftsleitung ist sehr zufrieden mit den Ergebnissen. Nur seine Mitarbeiter machen Edgar Schmitz Sorgen. Die Bereitschaft für Extraarbeiten ist deutlich gesunken und die Teamstimmung auf einem Tiefpunkt.

Wie viele fachkompetente Führungskräfte ist Edgar Schmitz in ein häufiges Fettnäpfchen getreten. Mit großem Elan und Schaffensdrang hat er alle anspruchsvollen und interessanten Aufgaben selbst übernommen. Schließlich konnte er so sichergehen, dass die Ergebnisse passen und termingerecht fertig sind. Übersehen hat er dabei, dass für seine Mitarbeiter nur die uninteressanten Routinearbeiten übrig blieben. Diese sind weder inhaltlich spannend noch bieten sie den Mitarbeitern die Chance, sich weiterzuentwickeln.

Gründe gegen das Delegieren anspruchsvoller Aufgaben gibt es genug:
- »Der Zeitaufwand, um den Mitarbeiter in die Aufgaben einzuweisen, ist zu groß.«
- »Ich muss die Ergebnisse und die Arbeit aufwendig kontrollieren.«
- »Meine Mitarbeiter haben weder die nötigen Kenntnisse noch die Motivation dazu.«
- »Wenn es schiefgeht, fällt es ohnehin auf mich zurück.«

Nutzen Sie das Instrument Delegation zur Entwicklung und Motivation Ihrer Mitarbeiter. Folgende Fragen helfen Ihnen in der Vorbereitung:

TIPP

- **Mit welchen Projekten kann sich mein Mitarbeiter fachlich weiterentwickeln?**
- **Was könnte ihn interessieren? Mit welchen Aufgaben kann er sich gut identifizieren? Woran würde er gerne arbeiten?**
- **Welche Kompetenzen muss sich mein Mitarbeiter aneignen, um höherwertige Aufgaben übernehmen zu können?**

Gezielt delegieren

Wenn Sie richtig delegieren, schlagen Sie zwei Fliegen mit einer Klappe: Sie selbst entlasten sich und erhalten Freiräume für Strategie- und Führungsaufgaben. Ihre Mitarbeiter werden in ihrer Kompetenz und Verantwortung gestärkt, was stets motivierend wirkt. In Ihrem Verantwortungsbereich sind jetzt auch Aufgaben, die Sie nicht delegieren können. Grundsätzlich gilt, dass alles andere auch von Ihren Mitarbeitern übernommen werden kann.

Delegierbar	Nicht delegierbar
Routineaufgaben: Wiederkehrende Aufgaben und Aufgaben, die nicht zwingend Ihr Know-how als Führungskraft erfordern, sollten Sie unbedingt delegieren.	**Führungsaufgaben:** Um Mitarbeiter zu beurteilen, Kritik- oder Gehaltsgespräche zu führen, sind besondere Kompetenzen und die entsprechende Verantwortung als Führungskraft erforderlich.
Spezialistenaufgaben: Sie sollten auch von Spezialisten ausgeführt werden. Ihre Führungsaufgabe erfordert Überblick und Einsicht in alle Aufgabengebiete. Sie sind also als Generalist gefordert.	**Vertrauliche Aufgaben:** Aufgaben, die vertrauliche Informationen beinhalten (wie Gehaltsvereinbarungen, Wirtschaftlichkeitsberechnungen oder Personalplanungen), dürfen nicht delegiert werden.
Ganze Aufgabenbereiche: Die Übertragung ganzer Aufgabenbereiche ist mit viel Verantwortung und Vertrauen gegenüber dem Mitarbeiter verbunden.	**Strategische Aufgaben:** Als Führungskraft tragen Sie Ihren Teil zum Unternehmenserfolg durch strategische Entscheidungen bei. Die Verantwortung dafür ist nicht delegierbar.

KOMPAKT Teilen Sie Ihre konkreten Aufgaben mithilfe der Tabelle in delegierbare und nicht delegierbare Arbeiten ein. Mit einer gezielten Übertragung der delegierbaren Aufgaben schaffen Sie für sich selbst und Ihren Mitarbeiter eine Reihe von Vorteilen:

- Sie entlasten sich von Routineaufgaben und haben mehr Zeit für Führung.
- Das Mitarbeiterpotenzial wird erweitert.
- Sie setzen Motivationsanreize und schaffen eine höhere Identifikation mit der Arbeit.
- Ihr Mitarbeiter erhält die Möglichkeit, an Entscheidungen mitzuwirken.
- Seine fachliche Qualifikation wächst.
- Mehr selbstständige Arbeit führt zu einer höheren Arbeitszufriedenheit.

Die Top 5-Fehler des Delegierens

Sehr oft trifft man Führende, die motiviert sind, die andere mitreißen können und mit hohem Einsatz ihren Job machen. Doch eines haben sie nie richtig anzuwenden gelernt: Die Kunst der Delegation. In unzähligen Gesprächen mit Führungskräften, aber vor allem auch mit Mitarbeitern, beobachten wir immer wieder die selben Fehler. Im Folgenden stellen wir Ihnen unsere Top 5 des falschen Delegierens vor:

1. Scheindelegation
2. Unklare Prioritäten
3. Mangelnde Qualitätskriterien
4. Fehlende Termin- und Kontrollvorgaben
5. Keine Abgabe von Verantwortung und mangelndes Vertrauen

Scheindelegation

Beispiel: Umzugsorganisation

»Herr Tauser, ich möchte, dass Sie den Umzug unserer Abteilung in das neue Gebäude koordinieren. Reden Sie zuerst mit dem Architekten und lassen Sie sich die Pläne geben. Morgen setzen wir uns damit zusammen und entscheiden, was zu tun ist.«

Herr Tauser kann hier weder eigene Entscheidungen treffen noch Verantwortung übernehmen. Mit Delegation hat das nichts zu tun. Delegation bedeutet, dass Ihr Mitarbeiter in vollem Umfang selbst für die Erfüllung der Aufgabe verantwortlich ist. Wie er die Aufgabe angeht, bleibt ihm überlassen.

Gerne erwarten Führungskräfte von ihrem Mitarbeiter, dass die Aufgabe exakt so erledigt wird, wie sie es vorgegeben haben. Das ist verständlich, hat sich diese Vorgehensweise doch schon bewährt. Was soll sich der Mitarbeiter noch den Kopf zerbrechen, wenn es schon eine Lösung gibt!

Ziel

Beispiel: Präsentation

»Frau Meier, erstellen Sie mir doch bitte bis morgen eine PowerPoint-Präsentation über unsere Abteilung. Nicht mehr als dreißig Seiten mit vielen Bildern und Grafiken. Und bitte möglichst wenig Text.«

Ob Frau Meier hier die passende Präsentation erstellt, ist dem Zufall überlassen. Ohne zu wissen, an wen sich die Präsentation richtet und welches Ziel damit verfolgt wird, kann sie nur mutmaßen, wie die Präsentation aussehen soll. Wenn ihr Chef mit der Präsentation unzufrieden ist, schickt er sie wieder an die Arbeit. Im schlimmsten Fall wiederholt sich das Ganze mehrmals bis die Präsentation passt. Ein für alle Beteiligten zeitraubender und unbefriedigender Prozess.

Priorität

Beispiel: Wichtig oder dringend?

Das auf dem Seminar ›Erstmals Vorgesetzter‹ Gelernte möchte Hubert Gruber gleich umsetzten. Mit jedem seiner Mitarbeiter nimmt er sich viel Zeit, um den anstehenden Umbau der Werkstatt zu besprechen. Alle zu erledigenden Aufgaben bezeichnet er als wichtig und dringend. Schließlich soll der Betrieb reibungslos weiterlaufen. Am Ende stehen seine Mit-

arbeiter ratlos in der Werkstatt und die Umbaumaßnahmen kommen ins Stocken. Jeder Mitarbeiter benötigt die Unterstützung seiner Kollegen. Da aber alle Arbeiten höchste Priorität haben, will kein Mitarbeiter seine Aufgaben zurückstellen.

Arbeitsaufträge, an denen mehrere Personen mitwirken, müssen koordiniert werden. Entweder geben Sie vor: Wer macht was und wann! Dann gilt es zu klären, wie mit Hindernissen während der Umsetzung umgegangen wird. Besser ist es, das Projekt mit allen gemeinsam zu besprechen. So können Überschneidungen und Priorisierungen unter der Mitwirkung der Mitarbeiter geklärt werden. Versuchen Sie Ihren Mitarbeiter so zu informieren, dass er während der Umsetzung selbst die richtigen Schlüsse ziehen kann: Was ist dringlich, was wichtig und was ist sowohl dringlich als auch wichtig.

Qualitätskriterien

Beispiel: Entscheidungsvorlage

Norbert Kramer ist ein ausgewiesener Spezialist im Thema Finanzierung. Für die Anschaffung einer neuen Maschine soll er Finanzierungsvorschläge erarbeiten. Über das Ergebnis ist sein Chef sehr erstaunt. Die Ausarbeitung erhält nicht nur sieben verschiedene Finanzierungsalternativen, sondern auch vier konkrete Kreditangebote der Hausbank. Dabei ist die Anschaffung der Maschine noch nicht einmal beschlossene Sache.

Die Mehrarbeit hätte sich Norbert Kramer sparen können, wenn er gewusst hätte, dass es lediglich um einen Überblick geht. Das Ergebnis sollte möglichst genau definiert sein. Noch besser ist es, Ihren Mitarbeiter so zu informieren, dass er sich selbst ein Bild über das gewünschte Ergebnis machen kann. Das gelingt, indem Sie ihn über den Zweck, die Zielgruppe und die Hintergründe detailliert informieren.

Termine und Kontrolle

Beispiel: Vorstandssitzung

Den Auftrag hatte Sebastian Vogel klar formuliert: »Ich brauche eine genaue Auflistung aller Anbieter mit einem Vergleich sämtlicher Konditionen. Das Ganze soll die Entscheidungsgrundlage für unseren Vorstand bilden. Kurz und knapp, bitte. Sie wissen ja, unser Vorstand hat es gerne knackig.« Das kommende Wochenende verbrachte Sebastian Vogel dann damit, die Vorlage für die Montagssitzung selbst fertigzustellen, weil er am Freitag erkannte, dass sein Mitarbeiter erst zur Hälfte fertig war.

Seinem Mitarbeiter kann Sebastian Vogel keinen Vorwurf machen. Er ist als Führungskraft dafür verantwortlich festzulegen, in welcher Zeit die Aufgabe erledigt werden soll. Dazu gehören auch vorherige Kontroll- und Abstimmungstermine. So kann er sicherstellen, dass sein Mitarbeiter auf dem richtigen Weg ist.

Verantwortung und Vertrauen

Beispiel: Präsentation

Das hatte sie sich ganz anders vorgestellt. Alexandra Wolf steht vor dem potenziellen Kunden und versucht die Situation zu retten. Die Präsentation, die sie gerade hält, ist nicht nur fehlerhaft. Auch die Inhalte entsprechen überhaupt nicht ihren Vorstellungen. Dabei ist ihr Mitarbeiter doch ein ausgewiesener Profi.

Alexandra Wolf hat ihrem Mitarbeiter zwar die Aufgabe übertragen, nicht aber die volle Verantwortung. Die geht erst auf den Mitarbeiter über, wenn er in vollem Umfang für das Ergebnis geradesteht. Dazu sollte er bei der Präsentation zumindest anwesend sein – noch besser: Der Mitarbeiter präsentiert seine Ergebnisse selbst.

Machen Sie sich bewusst, dass Sie nur dann engagierte Mitarbeiter bekommen, wenn Sie ihnen Verantwortung und Vertrauen entgegenbringen. Mit reinen Erfüllungsgehilfen kann das nicht gelingen.

So klappt es mit dem Delegieren

Die vorgestellten Top 5-Fehler des Delegierens deuten darauf hin, dass viele Führungskräfte ein falsches Bild davon haben, was es braucht, damit Zusammenarbeit und Zuarbeit wirkungsvoll funktionieren. Wenn Aufgaben schlampig delegiert werden, sind die Ergebnisse, die man bekommt, oft so schlecht wie die Delegation selbst. Die Führungskraft sucht den Fehler dann oft bei den Mitarbeitern. Nehmen Sie sich Zeit für eine gute Delegation. Die folgende Checkliste hilft Ihnen dabei.

Setzen Sie sich als neue Führungskraft das Ziel, nach hundert Tagen diese Checkliste soweit zu verinnerlichen, dass Sie auch ohne lange zu reflektieren quasi automatisch perfekte Arbeitsaufträge erteilen. Wenn es für Sie zu einer guten Gewohnheit geworden ist, bei jedem Delegationsgespräch die Checkliste im Kopf abzuarbeiten, haben Sie es geschafft.

Leitfragen für die erfolgreiche Delegation: IMPUT+K

Checkliste IMPUT+K	
Inhalt	Was soll der Mitarbeiter genau tun?
Motivation und Ziel	Warum und wozu soll es getan werden? Wie wichtig? Wie dringend?
Person	Wer soll es tun? Passen die Fähigkeiten des Mitarbeiters? Wer kann ihn unterstützen?
Umfang und Details	Wie und womit solle es getan werden? Regeln? Verantwortung und Befugnisse? Informationen?
Termin	Wann soll es fertig sein? Anfangs-, Zwischen- und Endtermine? Berichtspflicht?
Kontrolle	Woran wird das Ergebnis gemessen? Zwischenkontrollen? Rückmeldung über das Ergebnis?

Mein Delegationsstil

Reflektieren Sie Ihren Delegationsstil anhand der folgenden Aussagen. Und holen Sie sich von Ihren Mitarbeitern Feedback darüber ein, wie zufrieden sie mit Ihren Delegationen sind.

Checkliste
• Wenn Mitarbeiter mit Schwierigkeiten in der Umsetzung zu mir kommen, analysieren wir gemeinsam die Hintergründe.
• Bei der Umsetzung können meine Mitarbeiter ihren Weg frei wählen.
• Ich delegiere auch anspruchsvolle Tätigkeiten und ganze Aufgabenbereiche an meine Mitarbeiter.
• Meine Mitarbeiter sind mit dem Umfang und der Art meiner Kontrollen zufrieden.
• Ich vertraue meinen Mitarbeitern.
• Ich übertrage ihnen nicht nur Aufgaben, sondern immer auch die Verantwortung.

Gesprächsleitfaden für ein Delegationsgespräch

Für Neulinge in der Führungsrolle stellen wir nun noch einen Gesprächsleitfaden für ein Delegationsgespräch vor. Hierbei verhält es sich wie
bei jedem guten Gesprächsleitfaden. Er ist ein grobes Raster für Ihr
Handeln und hilft Ihnen, alle wichtigen Punkte für eine gute Delegation anzuwenden. Verwenden Sie den Leitfaden aber nicht als starre
Vorgabe und nehmen Sie sich ruhig die Freiheit, je nach Situation davon abzuweichen.

Beachten Sie bitte, dass Delegation zunächst Zeit benötigt. Zeit für die
Gesprächsvorbereitung, das Gespräch selbst sowie Unterstützungs- und
Kontrollgespräche. Denn das Gespräch dient nicht nur der Weitergabe
von Aufgaben. Als clevere Führungskraft werden Sie sich auch verge-
wissern, was von Ihren Wünschen beim Mitarbeiter angekommen ist.

Gesprächseröffnung	
Thema und Ziel	Herr Gebel, ich möchte heute mit Ihnen über die Lieferantenbetreuung sprechen. Ich wünsche mir, dass Sie diese übernehmen.
Interesse und Motivation	Ihre Erfahrung mit externen Partnern zeichnet Sie für diese Aufgabe aus. Sie erhalten dadurch mehr Verantwortung.
Inhalte der Delegation	
Was?	Sie wären in Zukunft der alleinige Ansprechpartner für alle Lieferanten. Dazu gehört: ...
Wozu?	Die aktuelle Marktlage lässt bei unseren Verkaufspreisen keine Steigerungen zu. Um unsere Ziele zu erreichen, gilt es, im Einkauf die Konditionen zu optimieren. Konkret bedeutet das: ...

Mitarbeiter abholen

Einverständnis abholen	Können Sie sich vorstellen, das Aufgabengebiet nach einer Einarbeitungszeit selbstständig zu übernehmen?
Verständnis sichern	Welche Fragen haben Sie noch? Schildern Sie mir doch bitte die Aufgabe aus Ihrer Perspektive.

Unterstützung anbieten

Hilfe anbieten	Wenn Fragen oder Probleme auftreten, können Sie sich jederzeit an mich wenden.
Vertrauen aussprechen	Ich bin mir sicher, dass Sie die Betreuung unserer Lieferanten erfolgreich übernehmen, und vertraue Ihnen hier voll.

Ziele definieren

Erfolgskriterien	Folgende Kennzahlen dienen der Messung unserer Einkaufspolitik: Einkaufspreise, Reklamationsquote, ...
Kompetenzen übertragen	Bestellungen bis zu einem Volumen von 5.000 Euro können Sie ohne Rücksprache durchführen. Darüber gilt folgendes Szenario ...

Kontrollzeiträume festlegen

Zwischen- und Abschlussgespräche vereinbaren	In vier Wochen führen wir ein Zwischengespräch, bei dem wir Erfahrungen austauschen und weitere Schritte planen können. In drei Monaten, bevor Sie die Aufgabe selbstständig übernehmen, treffen wir uns zu einem Abschlussgespräch.

Gesprächsabschluss

Positiver und ermutigender Abschluss des Gesprächs	Herr Gebel, vielen Dank, dass Sie diese Aufgabe annehmen. Sie entlasten mich damit sehr. Ich bin überzeugt davon, dass die Betreuung unserer Lieferanten bei Ihnen in besten Händen ist.

5.4 Zielvereinbarung – Mit kleinen Schritten Großes erreichen

»Die Formel meines Glücks: ein Ja, ein Nein, eine gerade Linie, ein Ziel.«

Friedrich Nietzsche

Als Führungskraft sollten Sie Ihre Ziele und die Ihrer Mitarbeiter deutlich vor Augen haben. Unterscheiden Sie dabei in extrinsische und intrinsische Ziele. Bei den extrinsischen Zielen wird das Ziel, in der Regel von Ihnen, vorgegeben: Von außen werden Forderungen an den Mitarbeiter gestellt, die er zu erfüllen hat. Im besten Fall sind diese Ziele auf die Kompetenzen des Mitarbeiters und die Abteilungsziele abgestimmt.

Intrinsische Ziele basieren auf der Selbstmotivation des Mitarbeiters. Ist Ihr Mitarbeiter innerlich entflammt, schlägt sich das unmittelbar in seiner Arbeitsleistung nieder.

Extrinsische Ziele	Intrinsische Ziele
Umsatzsteigerung	Selbstbestimmung
fünf Kundentermine/Woche	Spaß
Reduzierung der Reklamationsquote um 10 Prozent	Neugierde
	Verantwortung
...	...

Für die Zielformulierung ist wichtig: Setzen Sie die Brille Ihres Mitarbeiters auf. Wenn Sie wissen, was Ihrem Mitarbeiter wichtig ist, können Sie einen Zusammenhang zwischen seinen intrinsischen Zielen und den

Unternehmenszielen herstellen. Schließlich können Ziele nur mit einer langfristigen, beständigen Motivation erreicht werden.

Beispiel: innere Antriebe erkennen
Maximilian Schauer hat zwei ganz unterschiedliche Mitarbeiter in seinem Team:

- *Anne Marx verbringt jede freie Minute auf dem Rennrad und nimmt regelmäßig an Amateurrennen teil. Ihr geht es dabei vor allem um den Wettkampf.*
- *Martin Huber verbringt seine Urlaube zu Hause und kümmert sich um seinen Garten. Fernreisen kämen für ihn nie infrage. Er sucht die Ruhe und das Beständige.*

Entsprechend seiner Einschätzung sollte Maximilian Schauer die Ziele für die beiden unterschiedlich gestalten. Anne Marx würden Ziele, die sie fordern und mit anderen in Wettbewerb bringen, motivieren. Für Martin Huber sind eher Ziele geeignet, die strukturiertes und ruhiges Arbeiten ohne große Außeneinflüsse zulassen.

Nutzen einer Zielvereinbarung
Vorteile, die sich ergeben, wenn Sie mit Ihrem Mitarbeiter gemeinsam Ziele planen und festlegen:

- Ihr Mitarbeiter wird in das große Ganze eingebunden. Er erkennt seinen Beitrag zum Unternehmenserfolg.
- An gemeinsam vereinbarte Ziele fühlt sich Ihr Mitarbeiter stärker gebunden.
- Sie können die Leistungen Ihres Mitarbeiters objektiv und konkret anhand der Zielerreichung beurteilen.

- Gute Zielvereinbarungen fördern die Selbstorganisation und Zielorientierung Ihres Mitarbeiters.
- Mit guten Zielgesprächen vermitteln Sie Ihrem Mitarbeiter Anerkennung und Förderung.
- Durch ein transparentes Zusammenspiel der Ergebnisse wird die Identifikation und Loyalität steigen.

Die Top 5-Fehler bei der Zielvereinbarung

Das Thema ›Zielvereinbarung‹ ist bei vielen Mitarbeitern und auch Führenden negativ belastet. Immer wieder hören wir Aussagen wie »Die Ziele sind sowieso nie zu erreichen und außerdem ungerecht!« oder »Der Aufwand ist zwar riesig, am Ende kommt doch nichts dabei raus!«. Ziele sind nur dann geeignet zu motivieren und die Mitarbeiter auf ein gemeinsames Ziel hin auszurichten, wenn grundlegende Fehler vermieden werden.

Hier sind unsere Top 5-Fehler bei der Zielvereinbarung:

1. Unspezifisches Ziel
2. Nicht messbares Ziel
3. Unattraktives Ziel
4. Unrealistisches Ziel
5. Ohne Termin

Unspezifisch

Achten Sie darauf, dass Sie Ziele so konkret und knapp wie möglich formulieren. Dem Mitarbeiter muss nach dem Gespräch klar sein: Was genau ist von wem zu tun? Was ist das Ziel des Ganzen?

Beispiel: Überstunden

Stephan Schubert informiert sein Team über folgende Neuerung: »Die Servicezeiten wurden verändert. Für uns bedeutet das leider Mehrarbeit. Ein paar von uns sollten ab jetzt bis 18 Uhr erreichbar bleiben, damit wir eingreifen können, wenn es brennt.«

Unklar bleibt, wer an welchen Tagen bis 18 Uhr bleiben muss. Auch warum die Servicezeiten verändert wurden und welcher Zweck damit verfolgt wird, ist für die Mitarbeiter wichtig.

Nicht messbar

Nicht alle Ziele lassen sich eindeutig in Daten und Fakten ausdrücken und messen. Wenn das möglich ist, sollten Sie die Kriterien aber klar festlegen, um Missverständnisse zu vermeiden.

Beispiel: Produktivität

Im Zielvereinbarungsgespräch mit dem Maschinenführer stellt Daniel Fuchs klar: »Die Produktivität sollte unbedingt erhöht werden. Mit einer besseren Auslastung während der Nachtschicht bekommen Sie das hin.«

Auch wenn sich der Maschinenführer viel Mühe gibt: Ob er das Ziel erreichen wird, weiß er erst, wenn es zu spät ist. Daniel Fuchs sollte das Ziel so konkret wie möglich beschreiben: »Mein Wunsch ist, dass die Produktivität bis zum Jahresende um 5 Prozent steigt.«

Unattraktiv

Was interessiert oder begeistert Ihren Mitarbeiter? Suchen Sie gemeinsam nach attraktiven Zielen. Nur so können Sie das Engagement Ihres Mitarbeiters wecken.

Beispiel: Alles beim Alten

In der Hausverwaltung läuft es rund. Da die Gebäude neu sind, gibt es kaum Instandhaltungsaufwand. Erwin Meister vereinbart mit seinen Mitarbeitern deshalb folgendes Ziel: »*Also, ich schlage vor, wir übernehmen die Ziele des letzten Jahres unverändert. Das schaffen wir ohne Probleme und wir müssen uns keine Sorgen über die Erreichbarkeit machen.*«

Das Potenzial seiner Mitarbeiter kann Erwin Meister so nicht abrufen. Die Mitarbeiter werden es zwar bequem haben, doch Motivation und Freude an der Arbeit leiden darunter. Suchen Sie gemeinsam mit Ihren Mitarbeitern anspruchsvolle Ziele, die motivierend wirken.

Unrealistisch

Ziele sollten realistisch erreichbar sein. Weiß Ihr Mitarbeiter, dass er das Ziel auch unter größter Anstrengung nicht erreichen kann, wird er es erst gar nicht versuchen.

Beispiel: Wachstum

Der Vorstand hat eine klare Marschrichtung vorgegeben: Bis 2020 soll der Umsatz verdoppelt werden. Für Reiner Portel und sein Team heißt das: »*Jeder von uns muss seine Anstrengungen verdoppeln, schließlich wollen wir am Ende nicht die Deppen sein, oder?*«

Wenn Reiner Portels Mitarbeiter in der Lage sind, ihre Anstrengungen zu verdoppeln, dann haben sie in der Vergangenheit einiges falsch gemacht. Ziele, die von vornherein nicht erreichbar sind, wirken demotivierend und nicht anspornend.

Unterminiert

Achten Sie auf eindeutige Zeitpunkte zur Zielerreichung. Nur wenn Ihrem Mitarbeiter klar ist, welchen Zeitraum er zur Verfügung hat, kann er seine Ressourcen sinnvoll planen.

Beispiel: Verkaufszahlen
Frank Behre vereinbart mit seinem Mitarbeiter folgendes Ziel: »*Ihre Verkaufszahlen sind ja ganz ordentlich. Was halten Sie davon, wenn wir eine Steigerung um 10 Prozent anstreben?*«

Zwar hat Frank Behre hier ein messbares Ziel definiert. Eindeutiger ist es, wenn er den Zeitrahmen, die Rahmenbedingungen und anderen Voraussetzungen auch klärt: »Bis Ende des dritten Quartals steigen die Verkaufszahlen für das Produkt X um 10 Prozent. Die Gewinnmarge soll je Einheit unverändert bleiben.«

Die SMART-Formel

Vermeiden Sie Fehler in der Zielvereinbarung mit der SMART-Formel:

Die SMART-Formel	
Spezifisch	Beschreiben Sie das Ziel so konkret und knapp wie möglich. Es muss verständlich und nachvollziehbar sein.
Messbar	Verwenden Sie eindeutige quantitative oder qualitative Kriterien. Mit diesen können Sie prüfen, inwieweit die Ziele erreicht wurden.
Anspruchsvoll und attraktiv	Achten Sie darauf, dass die Ziele fordernd sind, ohne zu überfordern. Nutzen Sie das Potenzial Ihrer Mitarbeiter.
Realistisch	Das Ziel sollte erreichbar und von Ihrem Mitarbeiter unmittelbar beeinflussbar sein.
Terminiert	Vereinbaren Sie feste Zeitpunkte, wann das Ziel erreicht sein muss.

Die Zielvereinbarung ist ein zukunftsorientiertes Führungsinstrument. Achten Sie darauf, mit Ihren Mitarbeitern die Ziele ständig zu prüfen. Eine Zielbeschreibung ist keine Aufgabenbeschreibung. Stellen Sie sich und Ihren Mitarbeitern die Frage: Haben wir einen erstrebenswerten Zustand in der Zukunft formuliert (das Ziel) oder doch nur eine Aufgabe auf dem Weg dorthin?

Motivierende Ziele definieren

Top-down-Verfahren

Von oben vorgegebene Ziele widersprechen dem Ansatz der Vereinbarung und eignen sich nicht, um Mitarbeiter zu motivieren. Oft sind diese Ziele auch zu abstrakt. Wenn für Ihren Mitarbeiter sein unmittelbarer Beitrag zur Zielerreichung nicht erkennbar ist, wirkt das Ziel demotivierend und nicht begeisternd.

Bottom-up-Verfahren

Hier erfolgt die Zielbildung von unten nach oben. Ihr Mitarbeiter formuliert eigene Ziele und gibt sie nach oben weiter. Das wirkt sich positiv auf seine Motivation aus, da er eigenes Wissen einbringen kann und einbezogen wird. Das Verfahren birgt aber auch Konfliktpotenzial, da die Unternehmensleitung Ziele in der Regel zukunftsorientiert formuliert. Die Mitarbeiter hingegen richten ihre Ziele häufig an den Ergebnissen der Vergangenheit aus.

Gegenstrom-Verfahren (Zielheuristik)

Mit Blick auf das Ziel, die Nachteile der beiden Verfahren zu reduzieren, ist das Gegenstromverfahren, eine Kombination des Top-down- und des Bottom-up-Verfahrens, entstanden. Bei diesem Verfahren geben Sie Ihr

Oberziel für die Abteilung bekannt und fordern Ihren Mitarbeiter auf, seine Einschätzung und seinen möglichen Beitrag dazu einzubringen. Das erfordert einen erhöhten Abstimmungsaufwand, da oft mehrere Rückkopplungsrunden benötigt werden, bevor ein Ergebnis erzielt wird. Die Vorteile liegen aber auf der Hand: Ihr Mitarbeiter unterstützt die Ziele der Abteilung und kann sein Wissen in die Zielfindung einbringen.

Zielerreichung kontrollieren

Wenn Sie Ziele setzen, sollten Sie auch deren Erreichung kontrollieren. Auch wenn das misstrauisch wirken mag: Nicht kontrollierte Ergebnisse sind beliebig und damit für Ihre Mitarbeiter demotivierend – egal ob sie erreicht wurden oder nicht. Die Kontrolle dient dem Abgleich des Ist- mit dem angestrebten Soll-Zustand. Analysieren Sie gemeinsam mit Ihrem Mitarbeiter die Gründe für Abweichungen und leiten Schlüsse für die Zukunft ab. Geschieht das in einer partnerschaftlichen und offenen Art und Weise, dann nimmt Ihr Mitarbeiter das Zielerreichungsgespräch als Unterstützung und nicht als Abrechnung wahr.

Beispiel: Kundenzufriedenheit

Oskar Schinze ist Teamleiter des Kundenservice einer großen Küchenschreinerei. Mit seinen Mitarbeitern vereinbart er Ziele, die auf Qualität und Kundenzufriedenheit ausgerichtet sind. Bei Max Meier ist er sich unsicher, ob dieser seine Ziele erreichen kann. Zur Unterstützung erscheint er auf Max Meiers Baustelle, um die Ergebnisse zu kontrollieren: »Max, was machst du denn da? Das wird doch so nie klappen.«

Wie viele junge Führungskräfte neigt Oskar Schinze dazu, seinem Mitarbeiter zwar die Verantwortung zu übertragen, die Umsetzung jedoch kontrolliert er misstrauisch und engmaschig. So vermittelt er seinem

Mitarbeiter, dass er ihm eine selbstständige Erfüllung der Aufgabe nicht zutraut. Die Verantwortung für die Zielerreichung entzieht er seinem Mitarbeiter wieder.

Ziele, die Sie vereinbaren, sollen Ihren Mitarbeiter fordern und fördern. Dazu muss Ihr Mitarbeiter selbstständig Erfahrungen sammeln und eigene Wege gehen. Das funktioniert nur, wenn Sie Ihrem Mitarbeiter die Chance lassen, selbst seinen Weg zu finden, auch wenn der manchmal länger ist. Durch zu enge Kontrollen verlieren Sie als Führungskraft nicht nur Glaubwürdigkeit, sondern demotivieren auch Ihre Mitarbeiter.

TIPP

So kontrollieren Sie die Zielerreichung Ihrer Mitarbeiter richtig:
- Besprechen Sie mit Ihrem Mitarbeiter bereits im Vorfeld, was und wie kontrolliert wird.
- Kontrollieren Sie die Ergebnisse und nicht den Weg.
- Führen Sie die Kontrollen gemeinsam mit Ihrem Mitarbeiter durch und fördern Sie die Selbstkontrolle Ihres Mitarbeiters.
- Kontrollieren Sie nicht zu viel und zu häufig.
- Versetzten Sie sich in die Lage Ihres Mitarbeiters: Was können Sie von ihm erwarten? Welche Unterstützung braucht er?

Umgang mit Zielabweichungen

Nur in extremen Ausnahmefällen wird es Ihrem Mitarbeiter gleichgültig sein, ob er seine Ziele erreicht oder nicht. Gehen Sie ruhig davon aus, dass jeder Mitarbeiter bestrebt ist seinen Beitrag zum Unternehmenserfolg zu leisten. Wenn er trotzdem seine Ziele verfehlt, ist es nicht hilfreich, den Schuldigen zu identifizieren. Vielmehr sollten Sie gemeinsam die Probleme analysieren und Lösungen suchen.

***Beispiel:** Ausschussquote*

Klaus Erlich ist als Produktionsleiter für drei Standorte gleichzeitig verantwortlich. Aufgrund der großen Erfahrung seines Meisters am Standort Regensburg ist er selten vor Ort. Es scheint alles rundzulaufen. Als er die Auswertung über die Ausschussquote des Standortes in Händen hält, fällt er aus allen Wolken: Die Fehlerquote ist um 50 Prozent gegenüber dem Vorjahreszeitraum gestiegen. Was ist zu tun?

Klaus Erlich sollte unbedingt dem (verständlichen) Impuls widerstehen, Schuldzuweisungen auszusprechen und Vorwürfe zu formulieren. Ein konstruktiver Umgang mit Zielabweichungen ist, die Hintergründe zu analysieren und gemeinsam Lösungen zu entwickeln. Am besten gelingt dies mit spezifischen Fragen zur Situation.

Beispielfragen zur Zielabweichung	
Situation und Problem	Wie sieht das Problem genau aus?
	Wie und auf was wirkt sich das Problem aus?
	Wer oder was ist noch von dem Problem betroffen?
	Was passiert, wenn wir nicht reagieren?
Lösungsansätze	Was wurde bisher unternommen und mit welchen Ergebnissen?
	Welche weiteren Lösungsansätze gibt es? Mit welchen positiven und negativen Auswirkungen?
	Wie können Schwierigkeiten und Widerstände überwunden werden?
	Was muss sofort getan werden? Was sollte langfristig beachtet werden?
Erfahrungen	Gibt es Erfahrungen mit vergleichbaren Fällen aus der Vergangenheit?
	Wie wurde mit diesen Fällen umgegangen?
	Wie können diese Erfahrungen auf das aktuelle Problem übertragen werden?

Beispielfragen zur Zielabweichung	
Umsetzung	Wer macht was bis wann? Wie kontrollieren wir die Umsetzung? Wie vermeiden wir ähnliche Probleme in Zukunft?

Das Zielgespräch

In vielen Unternehmen stellen die Personalabteilungen Checklisten und Formulare für das Zielgespräch zur Verfügung. Nicht nur wenn die Zielerreichung sich auf das Gehalt des Mitarbeiters auswirkt, sollte es schriftlich festgehalten werden. Mit den folgenden Fragen können Sie das Gespräch vorbereiten:

- Welche Ziele könnten meinen Mitarbeiter motivieren? Welche seine persönliche und fachliche Entwicklung fördern?
- Wie kann mein Mitarbeiter zum Erreichen der Abteilungsziele beitragen?
- Wie müsste ein Ziel aussehen, das für meinen Mitarbeiter fordernd, aber nicht überfordernd ist?
- Welche Ziele würde sich mein Mitarbeiter selbst setzen?
- Mit welchen Hindernissen ist zu rechnen? Welche Unterstützung, Instrumente und Informationen braucht mein Mitarbeiter für die Zielerreichung?
- Wie kann die Zielerreichung gemessen werden?
- Welche Zwischenergebnisse sollten vereinbart werden?

Gespräche zur Zielerreichung sollten Sie nur führen, wenn Sie die Ziele auch selbst vereinbart haben. In den ersten hundert Tagen wird das nicht der Fall sein. Zum Ende Ihrer hundert Tage sollten Sie beginnen, Ziele mit Ihren Mitarbeitern für die Zukunft zu besprechen.

Das Zielgespräch sollte von beiden Seiten vorbereitet werden. Bitten Sie Ihren Mitarbeiter, sich im Vorfeld Gedanken zu machen und eigene Zielvorstellungen zu formulieren.

Gesprächseröffnung	
Thema und Ziel	»Frau Schubert, wir reden heute über Ihre Zielerreichung des vergangenen und die neuen Ziele des kommenden Jahres.«
Rahmenbedingungen und Gesprächsziel	»Mir ist es wichtig, alle Aspekte mit Ihnen in Ruhe zu besprechen. Deshalb sind eineinhalb Stunden für unser Gespräch angesetzt. So können wir ein Ergebnis erzielen, das für alle passend ist.«

Rückblick: Überprüfung der Zielerreichung	
Überblick	»Bevor wir die einzelnen Kriterien durchgehen, lassen Sie mich vorweg schon mal sagen: Sie haben im letzten Jahr ordentliche Ergebnisse geliefert.«
Zufriedenheit des Mitarbeiters	»Schildern Sie mir bitte zunächst Ihre Erfahrungen: Was lief gut und was weniger gut? Wie zufrieden sind Sie mit Ihrer Position im Team?«
Selbsteinschätzung des Mitarbeiters	»Frau Schubert, lassen Sie uns nun über Ihre Selbsteinschätzung sprechen. Erläutern Sie mir doch bitte die von Ihnen vorgenommenen Bewertungen.«
Abgleich der Bewertungen und Diskussion	»Bei den Aspekten Arbeitsgenauigkeit und Serviceorientierung komme ich zu den gleichen Ergebnissen wie Sie. Anders bewerte ich die Erreichung des Ziels ›Neue Kunden gewinnen‹. Konkret sieht es so aus: ...«
Zusammenfassung der Zielerreichung	»Frau Schubert, mit Ihren Leistungen sowie dem Grad der Zielerreichung bin ich sehr zufrieden. Ich danke Ihnen für Ihren Einsatz im abgelaufenen Jahr.«

Ausblick: Zielvereinbarung für das Folgejahr	
Mitarbeiterwünsche an-hören	»Welche Ideen und Vorstellungen haben Sie bezüglich der Ziele für das kommende Jahr?«
Abgleich der Ideen und gemeinsame Erarbeitung der Ziele	»Mit Ihren Zielen bin ich grundsätzlich einverstanden. Wie ist es für Sie, wenn wir als persönliches Entwicklungsziel noch folgenden Aspekt aufnehmen: ... Meine Vorschläge für konkrete Arbeitsziele sind folgende: ...«

Gesprächsabschluss	
Zusammenfassung der Vereinbarung (auch schriftlich)	»Ich fasse noch einmal kurz zusammen: Ihre Ziele mit hoher Priorität sind: ... Mit mittlerer Priorität habe ich folgende Ziele markiert: ... Das Gesprächsergebnis übertrage ich in unser Formular und gebe es Ihnen, bevor wir eine Kopie in Ihrer Akte ablegen.«
Mitarbeiter um Feedback bitten	»Frau Schubert, jetzt bitte ich Sie noch um Ihre Rückmeldung zu unserem Gespräch und den vereinbarten Zielen.«
Positiver Gesprächsabschluss	»Vielen Dank für Ihre Offenheit, Frau Schubert. An dieser Stelle möchte ich mich auch ausdrücklich für Ihren Einsatz bedanken.«

KOMPAKT

- Erarbeiten Sie Ziele immer gemeinsam mit Ihrem Mitarbeiter.
- Berücksichtigen Sie, wenn möglich, die beruflichen und privaten Entwicklungsziele Ihres Mitarbeiters.
- Vereinbaren Sie ausschließlich realisierbare Ziele.
- Begründen Sie Ihre Zielvorstellungen: Welche Auswirkungen hat eine Zielerreichung für das Unternehmen?
- Vereinbaren Sie auch weiche Ziele. Selbst wenn Ziele wie Teamverhalten und Kommunikationsstärke nur schwer messbar sind, eröffnen Sie Ihrem Mitarbeiter klare Perspektiven.

5.5 Dos and Don'ts – grüne und rote Ampeln

In den ersten Monaten als Führungskraft begegnen Sie vielen herausfordernden Situationen. Nervosität und Unsicherheit sind dabei normale Reaktionen. Generell gilt: Nehmen Sie sich die Zeit, zu überlegen und in Ruhe Ihre nächsten Schritte zu planen. Nur in extremen Ausnahmefällen sind Sie gefordert spontan zu entscheiden. Lassen Sie sich durch Rückschläge nicht aus dem Konzept bringen.

Gleichbehandlung und Gerechtigkeit

Sie müssen Ihre Mitarbeiter nicht gleich behandeln! Jeder Mensch hat unterschiedliche Bedürfnisse und Vorstellungen. Finden Sie heraus, was Ihr Mitarbeiter braucht, um gut arbeiten zu können. Während ein Mitarbeiter sich Freiraum und Eigenständigkeit wünscht, sind dem anderen klare Regeln und Vorgaben wichtig. Beide gleich zu behandeln, wird keinem gerecht. Achten Sie aber auf Gerechtigkeit! Ihre Mitarbeiter reagieren sehr sensibel, wenn sie den Eindruck gewinnen, dass andere besser behandelt werden oder mehr Aufmerksamkeit bekommen. Vermeiden Sie es, sympathische Mitarbeiter zu bevorzugen und unsympathische links liegen zu lassen.

KOMPAKT **Machen Sie sich Ihre Haltung gegenüber jedem einzelnen Mitarbeiter bewusst und achten Sie darauf, allen Mitarbeitern und Kollegen unvoreingenommen zu begegnen. Versuchen Sie bei unsympathischen oder renitenten Mitarbeitern die Stärken zu erkennen. So gewinnen Sie auch deren Vertrauen.**

Überheblichkeit versus Anbiedern

Beispiel: Vom ›Du‹ zum ›Sie‹

Sieben Jahre hat Hubert Moser im Team gearbeitet. Er war gut integriert und verstand sich mit den Kollegen prima. Als er zum Leiter des Teams befördert wird, hält er seine Antrittsrede: »Liebe Kollegen, ich freue mich, dass ich jetzt das Team führen darf. Nun ändert sich einiges. Erst mal bitte ich euch, mich künftig mit ›Sie‹ und ›Herr Moser‹ anzusprechen.«

Damit wird Hubert Moser bei seinen Mitarbeitern nicht auf Verständnis stoßen. Er vermittelt eher das Gefühl, etwas Besseres sein zu wollen. Eine auf Vertrauen und Respekt aufbauende Arbeitsbeziehung lässt sich so nicht herstellen.

Neu in der Rolle als Chef gilt es, sich den Mitarbeitern offen, respektvoll und selbstbewusst zu nähern – ohne sich anzubiedern. Dazu gehört es, dass gewachsene Freundschaften und Beziehungsmerkmale nicht plötzlich infrage gestellt werden. Äußern Sie Wünsche und Bedenken offen: »Meine Kollegen, ich freue mich auf die neue Aufgabe. Mein Wunsch ist, dass unser gutes Verhältnis bestehen bleibt und ihr mich in meinen Aufgaben unterstützt.«

KOMPAKT

Zwischen den Stühlen – Umgang mit vertraulichen Informationen

Beispiel: Personalabbau

Daniel Berger wird, wie seine Abteilungsleiterkollegen auch, vertraulich informiert, dass die Geschäftsleitung einen Stellenabbau plant. Er soll überlegen, wie der Stellenabbau in seiner Abteilung umgesetzt werden kann. Aufgebracht berichtet er seinen engsten Mitarbeitern vom Vorhaben der Geschäftsleitung.

Daniel Berger steht seinen Mitarbeitern näher als der Geschäftsleitung. Verständlich – basiert die erste Verbindung doch auf jahrelang erworbenem Vertrauen. Trotzdem hat Daniel Berger hier seine Pflichten verletzt und eine Grenze deutlich überschritten.

KOMPAKT **Als Führungskraft erhalten Sie Zugang zu Informationen, die nicht für andere bestimmt sind. Gehen Sie sorgsam damit um. Vermeiden Sie es, vor Kollegen über einzelne Mitarbeiter zu reden oder zu lästern. So verspielen Sie Vertrauen.**

Stehen Sie zu Ihren Schwächen und Fehlern

Beispiel: Selbstüberschätzung
Das Projekt will Jochen Reisig besonders gut abwickeln. Schließlich ist er neu in der Teamleiterrolle und hoch motiviert. Mit Schwung übernimmt er die anspruchsvollsten Aufgaben selbst und verteilt den Rest gleichmäßig auf seine Mitarbeiter. Am Ende wundert sich niemand, als das Projekt scheitert. Hilfe hat er stets abgelehnt. Er wollte sich keine Blöße geben.

Jochen Reisig glaubte, wie viele andere junge Führungskräfte, selbst den größten Beitrag leisten zu müssen. Er befürchtete, as Eingestehen von Schwächen und Fehlern könnte als Unfähigkeit ausgelegt werden. Das Gegenteil ist der Fall: Die Schwächen werden früher oder später ohnehin transparent und die Führungskraft verliert deutlich an Vertrauen.

Stehen Sie zu Ihren Schwächen und Fehlern. Nobody is perfect! Wenn Sie offen damit umgehen und Ihren Mitarbeitern zeigen, dass Sie deren Unterstützung und Mitarbeit brauchen, erzeugen Sie Motivation und gewinnen Vertrauen.

Fragen statt sagen

Beispiel: Abteilungsmeeting
Alle sind sich einigt: Das Montagsmeeting ist langweilig und ineffizient. Dabei gäbe es durchaus Themen zu klären. Tim Lofer lässt das nicht zu. Als Abteilungsleiter liegt sein Redeanteil im Meeting bei 90 Prozent. Um das Meeting nicht zusätzlich in die Länge zu ziehen, halten sich seine Mitarbeiter mit Beiträgen zurück.

Viele Führungskräfte haben ein ausgeprägtes Mitteilungsbedürfnis. Die Anliegen und Themen der Mitarbeiter kommen oft zu kurz. Achten Sie darauf, dass Ihr Redeanteil nicht zu groß ist. Insbesondere bei Meetings sollten alle Teilnehmer zu Wort kommen.

Moderieren Sie Meetings mit Fragen. Ihre Mitarbeiter werden sich besser beteiligen und Lösungen selbst erarbeiten. Achten Sie in Gesprächen stets darauf, dass Ihr eigener Redeanteil nicht zu groß wird. Als Führungskraft ist es wichtiger, dass Sie zuhören als etwas mitteilen!

5.6 Konflikte – Das Salz in der Suppe

»Gerade weil wir alle in einem Boot sitzen, sollten wir heilfroh darüber sein, dass nicht alle auf unserer Seite stehen.«

Ernst Ferstl, österreichischer Dichter

Zwischenmenschliche Kommunikation verläuft nicht immer reibungslos. Gegensätzliche Meinungen sind ein normaler Bestandteil des menschlichen Miteinanders. Auch Konflikte sind normal und keineswegs etwas, was es unter allen Umständen zu vermeiden gilt.

Konflikte als Chance

Konflikte werden von den meisten Menschen mit einem Gefühl des Unbehagens verbunden. Lernen Sie in Konfliktsituationen diese Frustration vorübergehend zu ertragen, bis eine für alle akzeptable Lösung gefunden wurde. Konfliktlösung und Weiterentwicklung geschieht, wenn wir bereit sind, uns mit uns und anderen Menschen wertschätzend und ernsthaft auseinanderzusetzen. Konflikte haben durchaus ihre Berechtigung:

- Sie machen es möglich, dass unterschiedliche Ansichten, Meinungen und Zielsetzungen akzeptiert und deutlich gemacht werden. Die konstruktive Verarbeitung von Konflikten ermöglicht es, fruchtbare Impulse aus diesen Unterschieden zu erhalten.
- Konflikte stellen Althergebrachtes infrage, weisen auf Probleme und Schwachstellen hin und sind ein wichtiger Impulsgeber für Veränderungen und Wachstum.
- Erfolgreiche Konfliktlösungen stärken Sie in Ihrer Rolle als Führungskraft, Ihr Team und den Zusammenhalt.

Konflikte sind in der Regel emotional belastend, sowohl für die direkten Kontrahenten als auch für die Kollegen und das private Umfeld.
Beachten Sie, dass es nicht darum geht, Konflikte zu vermeiden oder
gänzlich zu verhindern. Für Sie als Führungskraft gilt es, Konflikte
erkennen, akzeptieren und bewältigen zu können.

Typische Konflikte im Führungsalltag

Bleiben Konflikte auf Dauer unerkannt und ungelöst, wirkt sich dies
immer ungünstig auf das gesamte Umfeld aus. Oft schwelen Konflikte
lange unter der Oberfläche und verbrauchen dabei Energien, die an anderer Stelle fehlen. Manche Menschen können solche Zustände erstaun-
lich lange ertragen, andere explodieren schon nach kurzer Zeit sehr
heftig. In jedem Falle wird das Arbeitsklima durch ungelöste Konflikte
beeinträchtigt.

Der offene Konflikt

Beispiel: Offene Fronten

*Die Position des Teamleiters kam für Norbert Schreiner überraschend. Alle
hatten damit gerechnet, dass Gerhard Gruber die Position bekommt. Der
ist am längsten dabei und bringt große fachliche Erfahrung mit. Gerhard
Gruber macht schnell klar, dass er Norbert Schreiner als Chef nicht akzeptiert. Er widersetzt sich offen seinen Anweisungen, verweigert die Zusammenarbeit und wiegelt die anderen Kollegen gegen ihn auf.*

Als neue Führungskraft ist Norbert Schreiner bemüht es allen recht zu
machen. Umso heftiger ist der offen ausgetragene Konflikt für ihn.
Doch immerhin weiß er, woran er ist. Er kann einschätzen, mit wem
er es zu tun hat und was ihm vorgeworfen wird. Damit ist der Konflikt

leichter kalkulier- und lösbar als ein verdeckt ausgetragener Konflikt. Offene Konflikte kennzeichnet eine unmittelbare Konfrontation der Beteiligten. Die Parteien

- prallen immer wieder aufeinander,
- verteidigen in einem offenen Streit die eigene Position und
- scharen Verbündete um sich.

Strategie im offenen Konflikt

Offene Konflikte entstehen häufig dann, wenn sich eine Partei nicht beachtet oder übergangen fühlt. Der Konflikt dient dann dazu, diese Ungerechtigkeit öffentlich zu machen. Nehmen Sie die Angriffe, auch wenn sie unsachlich sind, nicht persönlich. Sondern setzten Sie sich mit Ihrem Gegenüber auseinander:

Strategie	Beispiel
Hören Sie aufmerksam zu und geben Sie Rückmeldung über das, was bei Ihnen ankommt – ohne Vorwurf.	»Sie akzeptieren nicht, dass ich Ihr neuer Vorgesetzter bin und lehnen eine Zusammenarbeit mit mir ab. Habe ich Sie da richtig verstanden, Herr Gruber?«
Stellen Sie Fragen zu Hintergründen und Motiven.	»Erzählen Sie mir bitte, was Sie an unserer Zusammenarbeit hindert oder stört.«
Bleiben Sie wertschätzend, verständlich und prägnant. Zeigen Sie Verständnis.	»Ich kann Ihre Enttäuschung gut verstehen, Herr Gruber.«
Reden Sie über sich und nicht über die Gegenseite.	»Mir geht es so: Als neuer Teamleiter möchte ich einen guten Job machen. Dazu benötige ich das Vertrauen des ganzen Teams.«
Teilen Sie Ihre Absichten und Haltungen mit.	»Ich möchte den Konflikt mit Ihnen gerne beilegen. Dafür benötige ich Ihre Mitarbeit.«
Gehen Sie das Problem an und nicht den Menschen.	»Ich kann Ihren Blickwinkel verstehen. Trotzdem steht die Entscheidung. Wie sollen wir damit umgehen?«

Der verdeckte Konflikt

Beispiel: innige Feindschaft

Jasmin Aubele und Frauke Demel verbindet eine große Abneigung gegeneinander. Nach außen sind sie übertrieben freundlich. In Gesprächen mit anderen Kollegen versuchen Sie aber sich gegenseitig bloßzustellen und zu schaden. Obwohl sie seit Jahren zusammenarbeiten, haben sie einander noch nie geholfen. Auch der Abteilungsleiterin Kristine Färber bleibt der Konflikt nicht verborgen. Darauf angesprochen leugnen beide: »Wie kommen Sie denn darauf? Wir haben doch kein Problem miteinander.«

Gründe dafür, Konflikte nicht offen auszutragen, gibt es genug:

- Die Gegenseite ist stärker und ich habe Angst zu verlieren.
- Ich möchte die gute Stimmung und Harmonie in der Abteilung nicht belasten.
- Probleme löse ich lieber selbst. Da kann mir sowieso keiner helfen.
- Vor einer offenen Auseinandersetzung habe ich Angst. Am Ende stehen alle gegen mich.

Verdeckte Konflikte werden oft von dritter Seite (manchmal sogar von der gegnerischen Seite) nicht wahrgenommen. Kennzeichen für verdeckte Konflikte sind nicht immer eindeutig auf einen Konflikt zurückzuführen:

- hohe Belastung, innerer Druck und Demotivation
- Störungen in der Zusammenarbeit, Dienst nach Vorschrift
- Angespanntheit und Gereiztheit
- Blockierung von Informationen und eisiges Schweigen

Strategie im verdeckten Konflikt

Solange ein Konflikt verdeckt bleibt, ist eine Lösung unmöglich. Auch wenn Jasmin Aubele und Frauke Demel aus dem Beispiel nicht mehr zusammenarbeiten sollten, weil eine von ihnen die Abteilung wechselt, ist das keine Konfliktlösung, sondern eine Alternativlösung.

Strategie	Beispiel
Vorsichtiges Auftauen der Abwehrhaltung.	»Ich habe den Eindruck, dass Sie unter starkem Druck stehen und Sie belastet zur Arbeit kommen. Ist da etwas dran?«
Stärkung des Glaubens an die eigenen Konfliktlösungskompetenzen.	»Eine ähnliche Situation habe ich vor zwei Jahren sehr gut gelöst. Diesmal schaffe ich das ebenso.«
Wechsel der Perspektiven.	»Wie nimmt wohl Frau X den Konflikt wahr?« »Wie sehen die Kollegen von außen die Situation?«
Einen Schritt zur Seite gehen.	»Worum geht es bei diesem Konflikt überhaupt?« »Gab es einen konkreten Auslöser?«
Verständnis schaffen.	»Welche Motive hat die Gegenseite wirklich? Was sind meine Motive?«
Mutig den ersten Schritt tun: Ein Gespräch!	»Mein Eindruck ist, dass unser Verhältnis zueinander gestört ist. Darüber möchte ich gerne mit Ihnen sprechen.«

Gruppenkonflikt

Beispiel: Außen- versus Innendienst

Zwischen den Außendienstmitarbeitern und der Abteilung Vertriebsinnendienst kommt es immer wieder zu Reibereien. Die Vorwürfe lauten: »Die verhalten sich absolut unkollegial. Wenn der Vertrieb ein Problem hat, muss es immer sofort gelöst werden. Sobald wir aber Unterlagen einfordern, sind sie gleich beleidigt.« »Der Innendienst ist schließlich dafür

*da, uns den Rücken freizuhalten. Wenn wir nicht wären, hätten die gar
keine Arbeit.«*

Sobald nicht nur einzelne Personen, sondern ganze Abteilungen invol-
viert sind, steigt die Komplexität jedes Konflikts an. Typisch sind dann
Blockbildungen, gegenseitige Schuldzuweisungen und eine ausgeprägte
Abwehrhaltung. Weitere Kennzeichen von Gruppenkonflikten sind:

- ein ausgeprägtes Schwarz-weiß-Denken
- die Mitglieder einer Gruppe stehen geschlossen zusammen
- pauschale Abwertung jeder Person der anderen Gruppe
- Abweichler werden schnell als Verräter gebrandmarkt
- verhärtete Fronten zwischen den Gruppen

Strategie im Gruppenkonflikt

Die Blockbildung in Gruppenkonflikten führt zu einem engen Zusam-
menrücken der Gruppenmitglieder. In der Gruppe finden sie ihre emotionale Heimat und treffen klare Unterscheidungen in Feind und Freund.
Diese gruppendynamischen Effekte erschweren die Lösung solcher Konflikte und müssen unbedingt berücksichtigt werden.

Strategie	Beispiel
Gruppenkonflikte immer von einem neutralen Moderator begleiten lassen, der von beiden Seiten akzeptiert wird.	»Können wir uns auf Herrn Meiser als Moderator einigen? Er ist als Mediator ausgebildet und mit keiner der beteiligten Gruppen näher verbunden.«
Regeln und Rollen klären.	»Herr Meiser moderiert also die Gespräche. Alle sichern zu, sich an die getroffenen Absprachen zu halten. Die Gesprächsprotokolle werden abwechselnd von den Teilnehmern geführt.«

Strategie	Beispiel
Einen Plan aufstellen und strukturiert vorgehen.	»Zu Beginn kommen wir alle vier Wochen zu einem Termin zusammen. Nach dem dritten Termin machen wir eine erste Bestandsaufnahmen.«
Gemeinsam das Problem definieren	»Die Situation stellt sich aus Sicht der Abteilung A so und aus Sicht der Abteilung B so dar.«
Lösungsvorschläge sammeln und auswählen	»Bis zu unserem nächsten Gespräch bitte ich alle Beteiligten Lösungsideen mitzubringen.«

Je früher Sie in einem Konflikt aktiv werden, desto besser. Schärfen Sie Ihre Sinne für die ersten Anzeichen eines aufziehenden Konfliktes. Wenn Sie das Gefühl haben, dass etwas nicht stimmt, dann sprechen Sie die Beteiligten offen darauf an. Im besten Fall gelingt es Ihnen so, das Problem zu lösen, bevor der Konflikt richtig ausbricht.

Meine persönliche Konfliktlandschaft

Konflikte werden immer von Emotionen begleitet. Welche Emotionen in welcher Intensität bei uns hervorgerufen werden, ist individuell höchst unterschiedlich und durch unseren Konflikt-Werdegang geprägt. Machen Sie sich anhand der folgenden Fragen Ihr eigenes Konfliktmuster bewusst. So gelingt es Ihnen, im nächsten Konflikt die eine oder andere Falle zu umgehen.

- In Konflikten regt mich an mir se.bst/an anderen auf, dass ...
- Was macht mich für andere zu einem angenehmen/unangenehmen Konfliktpartner?
- Die Konflikte, in die ich gerate, weisen folgende Gemeinsamkeiten auf ...
- Mein wesentlicher innerer Konflikt ist ...
- Was fällt mir in Konflikten besonders schwer?
- Welches Verhalten/welche Eigenschaften anderer aktivieren mein Konfliktmuster?

Konfliktstrategien

Welche Strategie wenden Sie in Konflikten an? Die emotionale Komponente in Konflikten sorgt dafür, dass wir uns meist nicht bewusst für die eine oder andere Strategie entscheiden. Schade, denn die Chancen einer Konfliktlösung hängen unmittelbar davon ab.

Strategie	Aktion
Vermeiden	Wir gehen dem Konflikt aus dem Weg, in der Hoffnung, dass er sich von selbst löst.
Konkurrenz	Wir setzten unsere Interessen auf Kosten des anderen durch. Es gibt einen Gewinner und einen Verlierer.
Nachgeben	Ein hohes Harmoniebedürfnis sagt uns: ›Der Klügere gibt nach!‹
Kompromiss	Alle Beteiligten machen Abstriche und treffen sich in der Mitte.
Kooperation	Gemeinsam wird eine Lösung gesucht, die möglichst viele Interessen berücksichtigt.

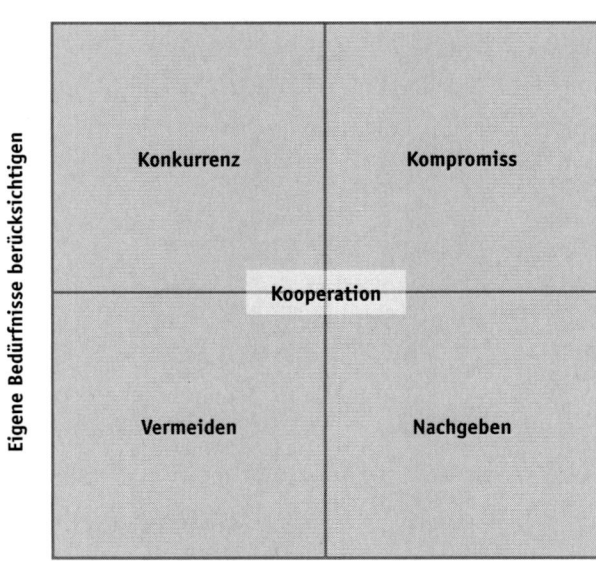

Bedürfnisse des anderen berücksichtigen

Abbildung 23: Konfliktstrategien

Einen Kompromiss zu finden, ist nicht immer die beste Konfliktlösung. Meist führt eine Kooperation zu einem besseren Ergebnis für alle Beteiligten, auch wenn der Weg dorthin länger ist.

Das Konfliktgespräch führen

Der Schlüssel zur Lösung von Konflikten ist einerseits, uns selbst verständlich zu machen und unsere Bedürfnisse zu transportieren, andererseits unseren Gesprächspartner zu verstehen und seinen Anliegen auf die Spur zu kommen. Der Psychologe Marshall B. Rosenberg hat mit dem Konzept der ›Gewaltfreien Kommunikation‹ ein Vorgehen entwickelt, das uns genau darin unterstützt.

Die vier Komponenten der gewaltfreien Kommunikation	
Beobachtung	Teilen Sie, ohne zu bewerten, mit, was Sie wahrgenommen haben.
Inneres Erleben	Was löst das in Ihnen aus? Wie sieht Ihr inneres Erleben aus?
Anliegen	Was genau ist Ihr Anliegen? Welche Bedürfnisse und Interessen haben Sie?
Bitte	Bitten Sie um das, was Sie von Ihrem Gegenüber benötigen, ohne zu fordern.

Eine Konfliktsituation bewertungsfrei zu schildern, dürfte den meisten Menschen schwerfallen. Hilfreich sind eine gute Vorbereitung und schriftliche Notizen. Überlegen Sie sich auch, wie Sie Ihr Anliegen positiv formulieren können: »Was brauche ich für eine bessere Zukunft?« statt »Was nervt und stört mich?«.

Beispiel: Kundenpräsentation

1. Beobachtung: »Während meiner Präsentation haben Sie mich nach zwei Sätzen unterbrochen und den Rest der Inhalte selbst vorgestellt. Ich wollte unserem Kunden das Fazit gerne selbst mitteilen.«
2. Inneres Erleben: »Ich war zunächst irritiert, da ich dachte, Sie trauen mir die Präsentation nicht zu. Mich ärgert, dass der Kunde meine Argumente nicht gehört hat.«
3. Anliegen: »Ich brauche von Ihnen das Vertrauen, dass ich meine Sache gut mache und dass Sie mich ernst nehmen.«
4. Bitte: »Ich wünsche mir von Ihnen, dass Sie mich nicht mehr unterbrechen und mir mehr Raum für die Darstellung meiner Ergebnisse geben.«

Auch das schwierigste Konfliktgespräch lässt sich mit einer guten Vorbereitung führen. Achten Sie auf die folgenden Aspekte:

Checkliste Konfliktgespräch vorbereiten

- Reden Sie von sich selbst und halten Sie sich an eine offene, konkrete und wertschätzende Kommunikation.
- Warten Sie mit dem Gespräch, bis der erste Ärger abgeklungen ist.
- Bleiben Sie beim aktuellen Thema und belassen Sie alte Leichen im Keller.
- Suchen Sie Lösungen und nicht Schuldige. Greifen Sie die Vorschläge der Gegenseite auf und hören Sie zu.
- Vertiefen Sie das Verständnis durch offene Rückfragen: »Habe ich Sie richtig verstanden, dass ...«
- Zeigen Sie die Bereitschaft, die eigenen Anteile zu korrigieren.

Die Konfliktmoderation

Beispiel: Die Streithähne

Wiebke Thelo wurde schon vorgewarnt: »Wenn du die Abteilungsleitung bekommst, wirst du viel Freude mit Deml und Greiner haben. Die beiden zicken sich nur an. Und wenn einer dem anderen eins auswischen kann, dann tut er es.« Tatsächlich kommt Herr Deml bereits in der ersten Woche zu Wiebke Thelo: »Der Greiner macht seine Arbeit nicht. Immer muss ich nacharbeiten, sonst würde alles schiefgehen.«

Wenn die Sachlage nicht eindeutig auf das Fehlverhalten eines Beteiligten hinweist, sind Sie als Führungskraft in der Rolle des Konfliktmoderators gefragt. Am besten ist es natürlich, die Beteiligten klären den Konflikt unter sich. Schwelt der Konflikt schon zu lange oder sind bisherige Klärungsgespräche erfolglos verlaufen? Dann ist es Ihre Aufgabe als Führungskraft, die Konfliktklärung zu moderieren.

Die drei Stufen der Konfliktmoderation:

1. Überblick verschaffen: Führen Sie Einzelgespräche mit allen Beteiligten und Betroffenen. Sammeln Sie Informationen zu Historie und aktuellen Auswirkungen des Konflikts.

2. Gespräch vorbereiten: Was genau ist ein realistisches Gesprächsziel? Wer muss am Gespräch teilnehmen (je weniger Beteiligte, desto höher ist die Chance auf eine Klärung)? Welche Hindernisse können auftreten? Mit welchen Reaktionen der Konfliktparteien muss ich rechnen?

3. Konfliktparteien einladen und das Gespräch moderieren: Wichtig ist, dass die Konfliktpartner miteinander reden. Ihr Part ist es, dass dabei die Regeln gewahrt werden.

Hilfreiche Fragen in der Konfliktmoderation	
Problembenennung und -betroffenheit	Was genau ist das Problem? Wie würde die Tagesschau darüber berichten? Wer würde zuerst bemerken, dass das Problem gelöst ist? Wann trat das Problem zuletzt auf? Wann trat es zuletzt nicht auf? Was genau war zu diesem Zeitpunkt anders?
Gesprächsziele	Woran erkennen Sie, dass Sie Ihr Ziel erreicht haben? Was wäre anders? Woran, glauben Sie, würde Ihr Gegenüber erkennen, dass das Problem für ihn gelöst ist?
Zirkuläre Fragen	Wie, glauben Sie, sieht Ihr Gegenüber die Situation? Wie würde Ihr Gegenüber wohl Ihren Standpunkt beschreiben? Was könnte Ihr Gegenüber tun, um Ihre Ziele zu unterstützen, ohne seine eigenen völlig aufzugeben? Wie würde Ihr Gegenüber reagieren, wenn sich Ihr Standpunkt veränderte?
Worst Case-Folgen	Was wäre, wenn wir gar nichts tun? Wie könnten Sie (und Ihr Gegenüber) das Problem noch steigern? Wie würde Ihr Gegenüber das beurteilen? Wer ist am ehesten in der Lage, die Konfliktlösung zum Scheitern zu bringen?

Konflikte haben stets eine eigene Dynamik. Der exakte Verlauf lässt sich nie detailliert vorhersagen. Bleiben Sie flexibel und gehen Sie auf Überraschendes ein, ohne den roten Faden zu verlieren.

Diese Fallen sollten Sie vermeiden

- Verlust der Neutralität: Bleiben Sie allparteilich! Vermeiden Sie es, einer Seite mehr Raum zu geben oder für eine Seite Partei zu ergreifen.
- Einnahme der Retter-Rolle: Bringen Sie möglichst selbst keine Lösungen und Vorschläge ein. So entziehen Sie den Konfliktparteien die Verantwortung für eine gemeinsame Lösungssuche. Von den Konfliktparteien selbst entwickelte Lösungen sind immer nachhaltiger.
- Zu schnelle Lösungen: Lassen Sie keine übereilten Scheinlösungen zu. Erst wenn alle Störungen und Probleme geklärt sind, können Sie sicher sein, dass alle wichtigen Aspekte gehört wurden.
- Zu oberflächliche Problemanalyse: Konflikte gehen immer mit Emotionen einher. Die dürfen und sollen im Gespräch zum Ausdruck kommen – von Ihnen moderiert.
- Eskalation des Konflikts: Lassen Sie lange Leine, wenn die Konfliktparteien konstruktiv vorankommen. Greifen Sie moderierend ein, wenn Vorwürfe und Unterstellungen überhand nehmen. Sichern Sie durch Feedback-Schleifen das gegenseitige Verständnis der Beteiligten.

5.7 Kritik – Umgang mit Fehlverhalten

»Glücklich sind, die erfahren, was man an ihnen aussetzt, und sich danach bessern können.«

William Shakespeare, 1602

Niemand macht gerne und freiwillig Fehler. Umso unangenehmer ist es, wenn Fehler entdeckt werden und man damit konfrontiert wird. Andererseits bieten Fehler die Chance, aus ihnen zu lernen und sie künftig zu vermeiden. Sinn des Kritikgesprächs ist es, die Entwicklung Ihres Mitarbeiters zu fördern, indem Fehler besprochen und Verbesserungen eingeleitet werden. Schwierig wird es, wenn der Mitarbeiter bei sich keinen Fehler erkennt. In Unternehmen mit einer mangelhaften oder nicht vorhandenen Fehlerkultur erleben wir das häufig. Verständlich, schließlich können Fehler hier existenzielle Ängste auslösen. Als Neuer sollten Sie sich zunächst mit der vorherrschenden Fehlerkultur auseinandersetzen, bevor Sie Kritik üben. Generell sollten Sie in den ersten hundert Tagen mit Kritik sparsam sein. Erst wenn Ihre Mitarbeiter Sie einschätzen können und Vertrauen gefasst haben, werden sie Ihre Kritik offen annehmen.

Hintergründe, die wichtig sind

Das Hauptziel eines Kritikgespräches ist stets die Leistungsverbesserung Ihres Mitarbeiters. Dabei reicht die Bandbreite von Kritikanlässen sehr weit: von der Rückmeldung geringfügiger Fehler bis zur Klärung schwerwiegenden Fehlverhaltens, das zur Kündigung führen kann.

Kritikgespräche sind geeignet, um

- Ursachen für Fehler und Fehlverhalten zu klären,
- Erwartungen an den Mitarbeiter transparent zu machen,
- Lösungen und Verbesserungsmöglichkeiten zu erarbeiten,
- künftigen Fehlern vorzubeugen und
- Leistung und Motivation des Mitarbeiters zu steigern.

Kritik zu hören trifft immer auch das Selbstwertgefühl. Niemand wird gerne mit seinen Fehlern konfrontiert. Schnell hat der Kritisierte das Gefühl, sich verteidigen zu müssen. Andererseits vermeiden viele Führungskräfte notwendige Kritikgespräche. Fehlende Konfliktbereitschaft oder ein gesteigertes Harmoniebedürfnis können Gründe dafür sein. Es gibt auch Führungskräfte, die ihre Kritikgespräche mit Schuldzuweisungen, Unterstellungen und Beschimpfungen verbinden. Dieser offensive Umgang mit Kritik kann zu einer fatalen Fehlerkultur führen: Fehler werden vertuscht oder auf andere abgeschoben. Eine Entwicklung im Sinne von ›Aus Fehlern wird man klug‹ findet nicht statt.

Wenn Sie Kritik dagegen unter dem Motto ›Wie kann ich dem Mitarbeiter helfen, besser zu werden?‹ formulieren, haben Sie gute Chancen, dass Ihr Mitarbeiter die Kritik annimmt und an seiner Leistungsverbesserung arbeiten wird.

TIPP **Führen Sie Kritikgespräche in einer offenen, ruhigen und sachlichen Atmosphäre. Im Gespräch muss klar werden, dass die Kritik ein Arbeitsergebnis oder ein konkretes Verhalten betrifft – und nicht der Mensch als Ganzes zur Debatte steht.**

Fehlverhalten des Mitarbeiters

Beispiel: Ausschussquote

Robert Heindl fällt auf, dass die Ausschussquote während bestimmter Nachtschichten deutlich gestiegen ist. Bei genauerer Überprüfung der Dienstpläne stellt er fest, dass in den betroffenen Nachtschichten immer Frank Dorsch für die Wartungsarbeiten zuständig war. Auf die hohe Fehlerquote angesprochen wiegelt der ab: »Da kann ich doch nichts dafür. Mit unseren total veralteten Maschinen muss der Ausschuss ja so hoch sein.«

Im Kritikgespräch wird Ihr Mitarbeiter oft versuchen, die Sache anders darzustellen. So kann er sein Verhalten zumindest teilweise rechtfertigen. Mit einer guten Gesprächsvorbereitung und konkreten Beispielen kann es Ihnen gelingen, Ausweichmanöver zu verhindern. Die Leistungsfähigkeit des Mitarbeiters lässt sich schließlich nur steigern, wenn sie gemeinsam festlegen, wie er es in ähnlichen Fällen künftig besser macht.

Das Kritikgespräch führen

Gerade beim Kritikgespräch ist eine fundierte Vorbereitung wichtig! Ihre Kritikpunkte müssen konkret und nachweisbar sein, damit Ihr Mitarbeiter etwas damit anfangen kann. Gleichzeitig sollten Sie sich auf die möglichen Reaktionen Ihres Mitarbeiters einstellen. Nur so kann es Ihnen gelingen, das Gespräch sachlich und zielgerichtet zu führen.

Vorbereitung des Kritikgesprächs	
Die Kritik muss begründbar und beschreibbar sein	Kritisieren Sie ausschließlich beschreibbares Verhalten. Unkonkrete, nicht greifbare Kritik (die eventuell nur auf Vermutungen beruht) macht Sie unglaubwürdig.
Kritik nie auf fremden Beobachtungen aufbauen	Nutzen Sie Hinweise aus dem Kollegenkreis als Anregung für eigene Beobachtungen. Kritik, die auf Hörensagen aufbaut, ist immer fragwürdig.
Äußere Einflussfaktoren berücksichtigen	Beachten Sie die äußeren Umstände Ihres Mitarbeiters. Vielleicht befindet er sich in einer schwierigen Lebenssituation? Dann sollten Sie mit Fehlern nachsichtig umgehen. Mit erhöhtem Druck werden Sie die Fehler ohnehin nicht verringern können.
Ihren eigenen Beitrag zum Fehler erkennen	Außer bei Mutwilligkeit haben Sie als Führungskraft immer einen Beitrag zu den Fehlern Ihrer Mitarbeiter zu verantworten. Haben Sie die Motivation und Fähigkeiten Ihres Mitarbeiters richtig eingeschätzt? Standen dem Mitarbeiter alle nötigen Informationen und Mittel zur Verfügung?

Das Kritikgespräch in sechs Schritten führen

Schritt	Beispiel
1. Benennen Sie den zu besprechenden Vorfall ohne Vorwurf, und lassen Sie sich den Vorgang von Ihrem Mitarbeiter schildern.	»Frau Gruber, gestern erhielt ich zwei Anrufe: Herr König beklagte sich, dass er mit einer Anfrage mehrmals von Ihnen vertröstet wurde, und Frau Berger teilte mir mit, dass sie seit zwei Wochen auf den Umtausch der Ware wartet. Beide sind verärgert und erwarten meine Stellungnahme. Schildern Sie mir doch bitte Ihre Sicht der beiden Vorfälle.«

Schritt	Beispiel
2. Lassen Sie den Kritisierten die Zusammenhänge und Folgen analysieren.	»Was, meinen Sie, waren die Auslöser für die Fehler? Welche Folgen haben die Ereignisse? Wer ist davon in welchem Umfang betroffen?«
3. Fragen Sie den Kritisierten nach eigenen Lösungsansätzen.	»Wie können Sie den Fehler in Zukunft verhindern? Was ist Ihrer Meinung nach zu tun oder zu verändern?«
4. Bieten Sie Unterstützung an.	»Was brauchen Sie, um solche Situationen künftig zu vermeiden?«
5. Ergebnisse zusammenfassen und Folgegespräch vereinbaren	»Wir halten also fest: Sie rufen die beiden Kunden heute noch an. Wenn es wieder zu Engpässen kommt, wenden Sie sich direkt an mich. Lassen Sie uns in zwei Wochen ein weiteres Gespräch führen und die Umsetzung kontrollieren.«
6. Schließen Sie das Gespräch positiv ab.	»Vielen Dank, Frau Gruber, für das offene Gespräch. Ich bin mir sicher, dass Sie das hinkriegen.«

Im besten Fall müssen Sie Ihren Mitarbeiter gar nicht kritisieren, weil er – von Ihnen moderiert – seine Fehler selbst analysiert und geeignete Maßnahmen ableitet.

Schwieriges Verhalten des kritisierten Mitarbeiters

Häufig reagiert ein kritisierter Mitarbeiter, im oder nach dem Gespräch, schwierig. Lassen Sie sich nicht aus der Ruhe bringen, und behalten Sie den roten Faden bei, wenn Ihr Mitarbeiter:

- schweigt, sich verschließt und zurückzieht,
- aggressiv reagiert und Gegenangriffe startet,
- leugnet und die Unwahrheit sagt,
- sich gegen Unterstützung und Vorschläge sperrt,
- andere mit negativer Propaganda gegen Sie aufwiegelt.

Üben Sie konstruktive Kritik und beachten Sie die folgenden Grundsätze. So reduzieren Sie das Risiko für schwieriges Verhalten Ihres Mitarbeiters.

Grundsatz	Beispiel
Kritisieren Sie das Verhalten und nicht die Person.	»Unser Kunde ist mit Ihren Ergebnissen nicht zufrieden.« statt »Sie haben mich zutiefst enttäuscht.«
Geben Sie Gelegenheit zu reagieren.	»Wie hat sich die Situation aus Ihrer Sicht zugetragen?« statt »Ich weiß genau, wie das wieder gelaufen ist.«
Bauen Sie Brücken.	»Mir ist das als junger Mitarbeiter auch schon passiert. Fehler gehören wohl dazu. Ich bin mir sicher, dass Sie das hinbekommen.« statt »Sie haben wohl gedacht, dass ich das nicht bemerke?«
Nur unter vier Augen und persönlich	»Das Gespräch bleibt unter uns, das geht niemand anderen etwas an.« statt »Die anderen Kollegen hier im Meeting bestätigen sicher, dass es nicht so schwer sein kann, die Vorgaben zu erreichen, oder?«
Nicht zu viel auf einmal	»Wichtig ist mir vor allem, dass die Quartalsauswertung pünktlich fertig wird.« statt »Ich fasse die Kritikpunkte noch einmal zusammen: 1. Ihr Schreibtisch ... 2. Die Ablage ... 3. Freundlichkeit am Telefon ... 4. Pünktlichkeit ...«

Vertiefungsliteratur zum Kapitel V

Herzberg, Frederick; Bernard Mausner; Barbara Bloch Snyderman (1959): The Motivation to Work. Transaction Publishers, New York.

McKergow, Mark: www.hostleadership.com

Hölzl, Franz; Nadja Raslan (2013): Schwierige Personalgespräche führen. Haufe, Freiburg.

Rosenberg, Marshall B. (2007): Gewaltfreie Kommunikation. Eine Sprache des Lebens. Audio-CD, steinbach sprechende bücher, Schwäbisch Hall.

Sprenger, Reinhard K. (2010): Mythos Motivation. Campus, Frankfurt am Main.

Gostick, Adrian; Chester Elton (2007): Der unsichtbare Mitarbeiter. Wiley-VCH, Weinheim.

Schroeter, Linda (2013): Konflikte führen – Die 5-Punkte-Methode für konstruktive Konfliktkommunikation. BuisnessVillage, Göttingen.

Die Autoren

Nadja Raslan ist Geschäftsführerin von Raslan-Training – Systemische Personal Entwicklung. Nach mehrjähriger Führungserfahrung in einem Münchner Beratungsunternehmen ist sie seit 1998 selbstständig als Beraterin und Trainerin tätig. Sie studierte Betriebswirtschaft mit dem Fokus Personal, Arbeits- und Organisationspsychologie sowie Steuern/Revision. Sie ist Systemischer Coach und Paar-/Familientherapeutin. Als Lehrtrainerin bildet sie Business-Coaches aus. Ihre Kernkompetenzen liegen in den Themen Führung, Kommunikation, Konflikt und Team.

Web: www.raslantraining.de; E-Mail: n.raslan@raslantraining.de

Franz Hölzl ist Systemischer Berater, Trainer und Coach mit langjähriger Führungs- und Vertriebserfahrung im Bankwesen. Seit 1999 ist er in der Organisations- und Personalentwicklung tätig. Schwerpunkte sind Führungskräfte- und Kommunikationstrainings sowie Teamentwicklungen. Der Münchner ist Autor einiger Fachbücher zum Thema Führung, Kommunikation und Bergsteigen sowie staatlich geprüfter Berg- und Skiführer.

Web: www.bergundfuehrung.de; E-Mail: info@bergundfuehrung.de

Das moderne Mitarbeitergespräch

Miriam Gross
Das moderne Mitarbeitergespräch
Das Führungsinstrument für die
zeitgemäße Personalentwicklung

184 Seiten; 2012; 21,80 Euro
ISBN 978-3-86980-197-1; Art-Nr.: 908

Mitarbeitergespräche sind in vielen Unternehmen an der Tagesordnung. Führungskräfte wie Mitarbeiter kämpfen mit dieser angeordneten, zur jährlichen Pflichtübung verkommenen Farce, denn der Bezug dieser Gespräche zum Miteinander im Alltag fehlt gänzlich. Die Ressourcen, die in Mitarbeitergesprächen als wirkungsvollem Führungsinstrument stecken, werden verschleudert und sogar ins Gegenteil verkehrt.

In ihrem neuen Buch vermittelt Miriam Gross ein unbeschwertes, neues Bild von Mitarbeitergesprächen, die zum heutigen Verständnis zeitgemäßer und vertrauensorientierter Führung passen. Moderne Führungskräfte nutzen beides: die ritualisierten, Halt gebenden Mitarbeitergespräche wie auch die kleineren, anlassbezogenen Gespräche. Souverän und wertschätzend jonglieren sie mit der Vielfalt dieses Führungsinstruments, um damit ihre Teams und Abteilungen optimal zu entwickeln.

Dieses Buch liefert einen Fundus an Ideen, wie aus dem miteinander Reden auch ein miteinander Vorangehen wird – der Grundgedanke des neuen Mitarbeitergespräches.

Konflikte führen

Linda Schroeter
Konflikte führen
Die 5-Punkte-Methode für konstruktive
Konfliktkommunikation

192 Seiten; 2013; 21,80 Euro
ISBN 978-3-86980-244-2; Art-Nr.: 933

Ob Geschäftspartner, Chef, Kollege, Nachbar oder Lebenspartner – Konflikte entstehen, ganz gleich, ob beruflich oder privat, aus den unterschiedlichsten Gründen: Meinungsverschiedenheiten, unterschiedlichen Perspektiven und Zielsetzungen, Missverständnissen, ... Doch eines haben alle Konflikte gemeinsam – sie verlassen schnell die sachliche Ebene und enden in einem emotionalen Schlagabtausch, der die Situation oft eskalieren lässt. So weit muss es nicht kommen. Mit den richtigen Kenntnissen und etwas Übung lassen sich Konfliktsituationen schnell entschärfen.

Diplom-Psychologin Linda Schroeter zeigt in ihrem Buch, wie Sie Konfliktgespräche vorbereiten und durchführen können. Denn mit der praxiserprobten 5-Punkte-Methode und vielen Tipps aus der täglichen Konfliktmanagementpraxis lassen sich Konfliktsituationen auflösen und entspannte Gespräche führen. Nebenbei hilft Ihnen dieses Buch, Ihre Kommunikationsfähigkeiten zu verbessern und neue attraktive Verhaltensweiser und Einstellungen zu entwickeln.

»[...] Die positive Konfliktkultur, für die das Buch wirbt, ist ein wichtiger Baustein eines gesünderen und glücklicheren Lebens, in dem Konflikte nur noch ein gut zu bewältigendes Nebenthema sind. Die Lektüre verhilft dazu, in Zukunft mehr Konflikte anzusprechen, sie aber auch auszufechten und zu lösen. Darum empfiehlt getAbstract dieses Buch wärmstens allen, die ihr Leben – auch ihr Arbeitsleben – mehr genießen wollen.«

getAbstract, April 2014

Wirkungsvoll präsentieren

Anita Hermann-Ruess
**Wirkungsvoll präsentieren –
Das Buch voller Ideen**
Rhetorik-Highlights, Argumente, Formu-
lierungen und Methoden für emotionale
Präsentationen

456 Seiten; 2010; 29,80 Euro
ISBN 978-3-86980-075-2; Art-Nr.: 846

Rhetorik-Highlights, Argumente, Formulierungen und Methoden für emotionale Präsentationen
Wie man Präsentationen und Vorträge hält, wissen die meisten Menschen. Mitreißen, fesseln und beeindrucken gelingt aber den wenigsten. Genau hier setzt dieses Buch an: Hunderte von Formulierungen, Stilmitteln, Wirkfiguren, kreativen Ideen und rhetorischen Highlights helfen, einzigartige emotionale Vorträge und Präsentationen zu entwickeln.

Anita Hermann-Ruess, Expertin für Präsentation und Rhetorik sowie mehrfache Buchautorin, liefert in dieser Sonderausgabe das Know-how für überzeugende und herausragende Präsentationen. Wirkungsvolle Gesten, mediale Inszenierungstechniken oder authentische Körpersprache – mit diesem Buch sind Sie in allen Phasen der Präsentation bestens beraten. Und mit dem limbischen Wörterbuch finden Sie endlich im Handumdrehen die richtigen Formulierungen mit der passenden emotionalen Wirkung.